普通高等教育"十三五"规划教材

环境工程制图

张杭君 主编

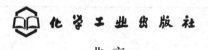

化学工业出版社

·北京·

《环境工程制图》共分为十章，内容主要包括制图基础知识，点、线、平面的投影，立体的投影，轴测投影图，形体的表达与组合体视图，环境工程布置图，环境工程设备图，环境工程装配图，环境工程CAD制图基础。

　　《环境工程制图》可作为高等院校环境工程、环境科学专业的教材，也可供相关领域的工作人员参考使用。

图书在版编目（CIP）数据

环境工程制图/张杭君主编. —北京：化学工业出版
社，2017.8（2023.7重印）
普通高等教育"十三五"规划教材
ISBN 978-7-122-29938-3

Ⅰ.①环… Ⅱ.①张… Ⅲ.①环境工程-工程制图-
高等职业教育-教材 Ⅳ.①X5

中国版本图书馆CIP数据核字（2017）第118354号

责任编辑：满悦芝　　　　　　　　　　　文字编辑：荣世芳
责任校对：宋　玮　　　　　　　　　　　装帧设计：刘丽华

出版发行：化学工业出版社（北京市东城区青年湖南街13号　邮政编码100011）
印　　装：三河市延风印装有限公司
787mm×1092mm　1/16　印张13　字数316千字　2023年7月北京第1版第10次印刷

购书咨询：010-64518888　　售后服务：010-64518899
网　　址：http://www.cip.com.cn
凡购买本书，如有缺损质量问题，本社销售中心负责调换。

定　　价：39.00元　　　　　　　　　　　　　　　　版权所有　违者必究

前　　言

　　本书汲取近年来制图课程教学改革的成功经验，并结合我们长期从事环境工程设计工作和环境工程制图专业教学的心得体会编写而成，适用于全国各大高等院校环境工程类课程教学之用。

　　编写本书时，注意高等院校改革和发展对环境工程类专业制图教学的新要求，广泛听取了读者的意见和建议，努力体现环境工程专业教学的特色，本着"精选内容、重视基础、加强实践、培养能力"的原则，对教材内容进行优化组合，培养学生科学的思维方式、严谨的态度、勇于探索的创新精神和工匠精神。

　　根据教育部高校环境科学与工程类专业教学指导委员会对环境工程专业的要求及环境工程专业课学习的需要，在完成了基本和常规的教学内容后，让学生除了学习常规的工程制图知识外，还学习与本专业有关的专业制图知识，拓展学习环境工程制图的知识面，有利于学生在今后实践中直接、灵活地运用。

　　本书由张杭君任主编，参与本书编写工作的有李文兵、王彬浩和王士运等。本书编写过程中得到许多同志的帮助，许多教师对本书稿提出了宝贵的意见和建议，在此表示衷心感谢。

　　由于我们水平和时间有限，书中难免存在疏漏和不足，恳请广大读者批评指正。

编者

2023 年 7 月

目　　录

第1章　绪论 ……………………………………………………………………… 1

1.1　环境工程制图课程的性质和地位 …………………………………………… 1

1.2　环境工程制图课程的任务和要求 …………………………………………… 1

1.3　环境工程制图课程的学习方法 ……………………………………………… 1

1.4　环境工程制图课程的主要内容 ……………………………………………… 2

1.5　常用环境工程制图图样种类要求 …………………………………………… 2

第2章　制图基础知识 …………………………………………………………… 3

2.1　制图国家标准概述 …………………………………………………………… 3

2.2　图纸幅面 ……………………………………………………………………… 3

2.3　绘图比例 ……………………………………………………………………… 4

2.4　图线 …………………………………………………………………………… 5

2.5　字体 …………………………………………………………………………… 6

2.6　尺寸标注 ……………………………………………………………………… 7

2.7　剖面区域 ……………………………………………………………………… 9

第3章　点、直线、平面的投影 ……………………………………………… 10

3.1　投影基础知识 ………………………………………………………………… 10

3.1.1　投影方法 ………………………………………………………………… 10

3.1.2　投影图的形成 …………………………………………………………… 10

3.1.3　投影图的特性 …………………………………………………………… 11

3.2　点的投影 ……………………………………………………………………… 12

3.2.1　点的二面投影 …………………………………………………………… 12

3.2.2　点的三面投影 …………………………………………………………… 12

3.2.3　点的相对位置 …………………………………………………………… 13

3.3　直线的投影 …………………………………………………………………… 14

3.3.1　直线的投影 ……………………………………………………………… 14

3.3.2　特殊位置直线 …………………………………………………………… 14

3.3.3　一般位置直线 …………………………………………………………… 16

3.3.4　两直线的相对位置 ……………………………………………………… 17

3.3.5　两直线垂直 ……………………………………………………………… 18

3.4　平面的投影 …………………………………………………………………… 19

3.4.1　平面的表示方法 ………………………………………………………… 19

3.4.2　特殊位置平面 …………………………………………………………… 19

3.4.3　平面上的点与直线 ……………………………………………………… 21

3.5　直线与平面的相对位置 ……………………………………………………… 22

　　　3.5.1　平行 ··· 22

　　　3.5.2　相交 ··· 24

　　　3.5.3　垂直 ··· 25

　　　3.5.4　最大倾斜线 ··· 27

第4章　立体的投影 ·· **29**

　　4.1　平面立体的投影 ··· 29

　　　4.1.1　棱柱 ··· 29

　　　4.1.2　棱锥 ··· 30

　　4.2　曲面立体的投影 ··· 30

　　　4.2.1　圆柱 ··· 30

　　　4.2.2　圆锥 ··· 31

　　　4.2.3　圆球 ··· 31

　　4.3　立体表面的点 ··· 32

　　　4.3.1　平面立体表面的点 ··· 32

　　　4.3.2　曲面立体表面的点 ··· 33

　　4.4　立体表面的线 ··· 36

　　　4.4.1　平面立体表面的直线 ··· 36

　　　4.4.2　曲面立体表面的直线 ··· 37

　　4.5　截交线 ··· 39

　　　4.5.1　概念 ··· 39

　　　4.5.2　基本性质 ··· 39

　　　4.5.3　平面立体的截交线 ··· 40

　　　4.5.4　曲面立体的截交线 ··· 40

　　4.6　相贯线 ··· 44

　　　4.6.1　概念 ··· 44

　　　4.6.2　基本性质 ··· 44

　　　4.6.3　相贯线的分类 ··· 44

　　　4.6.4　相贯线的画法 ··· 45

第5章　轴测投影图 ·· **48**

　　5.1　轴测投影图基本知识 ··· 48

　　　5.1.1　术语 ··· 48

　　　5.1.2　轴测图的分类 ··· 48

　　　5.1.3　三种常用轴测投影图的轴间角和轴向伸缩系数 ························· 49

　　5.2　正等轴测投影图 ··· 50

　　　5.2.1　点的正等轴测图 ··· 51

　　　5.2.2　平面立体的正等轴测图 ··· 51

　　　5.2.3　曲面立体的正等轴测图 ··· 52

第6章　形体的表达与组合体视图 ···························· **54**

　　6.1　形体的表达方法 ··· 54

　　　6.1.1　视图 ··· 54

　　6.1.2　剖视图 ··· 57

　　6.1.3　断面图 ··· 65

6.2　组合体视图概述 ··· 67

　　6.2.1　三视图的形成 ··· 67

　　6.2.2　三视图的特性和投影规律 ·· 68

6.3　组合体的形体分析 ··· 69

　　6.3.1　组合体的形体分析法 ··· 69

　　6.3.2　组合体的组合形式 ··· 69

　　6.3.3　组合体的表面连接方式 ·· 71

6.4　组合体三视图的绘制 ·· 72

　　6.4.1　形体分析 ··· 72

　　6.4.2　选择主视图 ··· 72

　　6.4.3　布置图面进行绘图 ··· 73

　　6.4.4　绘制底稿 ··· 73

　　6.4.5　检查并描深复核 ··· 74

6.5　组合体的尺寸标注 ··· 75

　　6.5.1　标注尺寸的基本要求 ·· 75

　　6.5.2　几何体的尺寸标注 ··· 76

　　6.5.3　组合体的尺寸分析 ··· 77

　　6.5.4　标注尺寸的方法和步骤 ·· 77

第7章　环境工程布置图 ·· **81**

7.1　平面布置图和立面图 ·· 81

　　7.1.1　平面布置图 ··· 81

　　7.1.2　立面图（高程图） ··· 82

7.2　系统控制图和工艺流程图 ·· 85

　　7.2.1　系统控制图 ··· 85

　　7.2.2　工艺流程图 ··· 85

7.3　管道布置图 ··· 101

　　7.3.1　管道布置图的种类和内容 ··· 101

　　7.3.2　管道布置图的规定 ·· 101

　　7.3.3　管道布置图的绘制 ·· 103

第8章　环境工程设备图 ·· **107**

8.1　环境工程设备图概述 ·· 107

8.2　水处理工程常用设备图 ··· 112

　　8.2.1　物理法污水处理设备 ·· 112

　　8.2.2　化学法污水处理设备 ·· 112

　　8.2.3　生化法污水处理设备 ·· 125

　　8.2.4　物理化学法污水处理装置 ··· 125

8.3　大气处理工程常用设备图 ··· 132

　　8.3.1　除尘设备 ·· 132

8.3.2 脱硫脱硝设备 ……………………………………………… 133

8.4 噪声控制常用设备 ……………………………………………… 133

8.4.1 吸声材料 …………………………………………………… 133

8.4.2 隔声材料 …………………………………………………… 133

8.4.3 消声材料 …………………………………………………… 140

第9章 环境工程装配图 ……………………………………………… **141**

9.1 环境工程装配图概述 …………………………………………… 141

9.1.1 装配图的作用 ……………………………………………… 141

9.1.2 装配图的内容 ……………………………………………… 141

9.1.3 装配图的种类 ……………………………………………… 144

9.2 环境工程装配图的表达方法 …………………………………… 144

9.2.1 规定画法 …………………………………………………… 144

9.2.2 特殊表达画法 ……………………………………………… 145

9.3 环境工程装配图的绘制 ………………………………………… 146

9.3.1 装配图的尺寸标注 ………………………………………… 146

9.3.2 技术要求 …………………………………………………… 146

9.3.3 装配图上零部件的序号和明细栏 ………………………… 147

9.3.4 常见装配结构 ……………………………………………… 147

9.3.5 画装配图的方法和步骤 …………………………………… 148

9.4 环境工程装配图的阅读 ………………………………………… 153

9.4.1 读装配图的方法和步骤 …………………………………… 153

9.4.2 读装配图时需注意问题 …………………………………… 153

第10章 环境工程 CAD 绘图基础 ………………………………… **155**

10.1 计算机制图概述 ……………………………………………… 155

10.1.1 硬件构成 …………………………………………………… 155

10.1.2 计算机绘图软件 …………………………………………… 155

10.2 绘图环境设置 ………………………………………………… 156

10.2.1 命令执行方法 ……………………………………………… 156

10.2.2 数据输入方法 ……………………………………………… 156

10.2.3 图形单位设置 ……………………………………………… 157

10.2.4 图形界限设置 ……………………………………………… 157

10.2.5 图形设置的基本规定 ……………………………………… 157

10.3 绘图显示控制 ………………………………………………… 158

10.3.1 图形缩放 …………………………………………………… 158

10.3.2 图形移动 …………………………………………………… 158

10.3.3 栅格操作 …………………………………………………… 159

10.3.4 正交功能 …………………………………………………… 159

10.3.5 对象捕捉 …………………………………………………… 159

10.4 基本绘图 ……………………………………………………… 160

10.4.1 点的绘制 …………………………………………………… 160

10. 4. 2　线的绘制 ··· 161

10. 4. 3　正多边形的绘制方法 ··· 161

10. 4. 4　椭圆的绘制 ··· 161

10. 4. 5　圆的绘制 ··· 161

10. 5　尺寸标注 ·· 161

10. 5. 1　尺寸标注的基本规定 ··· 161

10. 5. 2　尺寸标注的样式 ··· 162

10. 5. 3　编辑尺寸标注 ··· 163

10. 6　图形和文字编辑 ··· 164

10. 6. 1　编辑对象 ··· 164

10. 6. 2　编辑图案 ··· 179

10. 6. 3　图形设置 ··· 181

10. 6. 4　文字样式 ··· 185

10. 6. 5　创建表格 ··· 188

10. 6. 6　块操作 ··· 190

参考文献 ·· **196**

第1章 绪 论

1.1 环境工程制图课程的性质和地位

本课程是环境工程专业从业人员必修的一门技术基础课，它是以环境工程构筑物和设备为研究对象，以机械制图为基础，结合环境工程专业的特点，研究环境工程专业图样的表达和识读方法，以及规范制作图样的课程。本课程主要在研究图示图解空间几何问题的基础上，重点讲授绘制和阅读环境工程图样的理论和方法。

在环境工程设计和施工活动中，设计人员与施工人员都是通过环境工程图样进行交流，因此环境工程图样是表达设计思想、交流施工要点以及指导设备加工装配的重要技术文件。设计人员使用环境工程图样表达设计思想；施工人员利用环境工程图样建设构筑物并进行环境工程设备装配；生产人员依托环境工程图样进行环境工程设备制造加工；维护人员根据环境工程图样对各类工程设备和构筑物进行维修。学习本课程将为专业人员进一步学习水处理工程、大气污染控制工程、环境规划、环境工程设计和环境工程专业毕业设计等课程打下重要基础。因此，本课程在环境工程专业学习中具有举足轻重的地位。

1.2 环境工程制图课程的任务和要求

环境工程制图课程是一门理论联系实际的技术基础课程，具有非常强的实践性，它要求学生具备解决实际环境工程设计和施工中面临问题的能力，它的主要任务是培养环境工程专业学生根据投影原理，在掌握绘制和阅读图样规定以及方法的基础上，具备画图和读图的能力。通过系统的学习，能够达到如下要求：

① 掌握正投影法的基本理论及其应用，并培养空间逻辑思维能力和形象思维能力。

② 培养绘制和阅读环境工程图样的初步能力，培养利用计算机生成工程图样的初步能力。

③ 理解并贯彻工程制图国家标准的有关规定。

④ 培养一丝不苟的工作作风和严谨的工作态度。

1.3 环境工程制图课程的学习方法

① 要加强实践性环节的训练，本课程连贯性强，要及时复习，提高绘图的实际能力。

② 本课程实践性较强，应当注意分析物体模型形状与结构特点，积累对物体的感性认识。

③ 总结投影规律，下功夫培养空间想象能力，即由二维的平面图形来想象出三维形体

的空间形状。

④ 要提高自学能力，多动手绘图、多读图、多想象、多绘制物体的三维图，掌握从工程图形想象三维立体的正确方法。

⑤ 要在学习过程中，有意识地培养自学能力，提高创新意识，养成认真工作的习惯，培养认真和细致的工作作风。

⑥ 学习绘图的过程往往与设计过程相融合，需要在学习中和其他专业课相结合，尤其注意与水处理工程和大气污染控制工程课程的紧密联系。

1.4　环境工程制图课程的主要内容

本课程的内容包括制图基础、画法几何、专业制图、计算机绘图四个部分。画法几何：是用投影方法研究空间几何元素的图示和图解问题的理论，为工程制图提供理论基础。制图基础：是投影理论的运用，实践性较强。学习时，应掌握工程形体的各种表达方法，熟悉并贯彻制图标准。专业制图：了解专业图的图示内容和图示方法；了解专业制图标准，初步掌握专业图样的绘制和阅读方法。计算机绘图：掌握使用一种绘图软件绘制工程图样的方法。

1.5　常用环境工程制图图样种类要求

环境工程是各类污染控制工程设计、施工等活动的总称，环境工程设计图纸应能较好地表达设计意图，图面布局合理，正确清晰，符合制图标准及有关规定。因此根据环境工程专业性质，常用环境工程图样要求如下：

① 环境污染控制工程图纸包括污染控制系统总图和系统图。

② 环境工程系统图应当按照比例绘制，标出设备、管件编号，并附明细表。还应当附系统平面、剖面布置图和工艺设备图。图中设备、管件需要标注编号，编号与系统图对应。布置图应按照比例绘制。在平面布置图中应有方位标志。

③ 环境污染控制工艺流程图、高程图或设备结构图绘制需要标出主体构筑物、设备和辅助设备的物料流向、流量、主要参数；构筑物和设备图应当包括工艺尺寸、技术特性表等。

第2章 制图基础知识

环境工程图是表达环境工程设计思想的重要技术资料文件，也是工程实施的主要依据。为了统一环境工程图样的画法，环境工程制图通常参考工程制图的相关标准进行图样绘制，以便于不同专业工程人员进行交流和施工。

2.1 制图国家标准概述

工程制图通常包括机械制图、技术制图以及 CAD 制图 3 个方面，而环境工程制图的内容与这 3 个方面都密切相关。我国自 1989 年开始，针对机械制图、技术制图和 CAD 制图陆续出台了相关标准，涉及图纸幅面、格式、比例、字体、投影法、图形符号、图线、尺寸标注以及图样画法等各个方面。在绘制工程图样时，必须严格遵守这些标准，以确保各类工程文件符合统一的要求。从某种意义上讲，制图标准是工程文件的标准，是工程标准化的重要基础。只有熟悉掌握了制图标准，才能高效率地精准绘图和高质量地阅读工程图样。

根据制图发展的需要，工程制图的各类标准不断进行修订。国家质量技术监督局于 2000 年 10 月 17 日专门发布了《CAD 工程制图规则》（GB/T 18229—2000），该国家标准从工程图的基本设置要求、投影法、基本画法、尺寸标注以及工程图管理共 5 个方面详细给出了规定。该标准也是绘制环境工程图样的重要基础准则。本节主要从图纸幅面、绘图比例、图线、字体、尺寸标注和剖面区域共 6 个方面详细介绍工程制图标准的基本规定。

2.2 图纸幅面

环境工程制图中与图纸幅面相关的国家标准共有 5 个，包括：《技术制图 图纸幅面和格式》（GB/T 14689—2008）、《技术制图 标题栏》（GB/T 10609.1—2008）、《技术制图 明细栏》（GB/T 10609.2—2009）、《技术制图 复制图的折叠方法》（GB/T 10609.3—2009）、《技术制图 对缩微复制原件的要求》（GB/T 10609.4—2009）。在绘制环境工程图样之前，应当按照表 2-1 选择合适的图纸幅面。另外，在折叠复制图和缩微复制图的时候，图纸幅面应当按照表 2-1 选择一种，通常选择 A3 或者 A4 的幅面便于装订成册，应使标题栏在右下外面，以便于查阅。由于环境工程图纸通常分

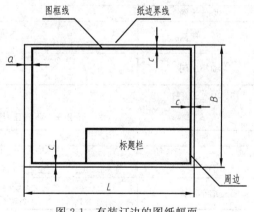

图 2-1 有装订边的图纸幅面

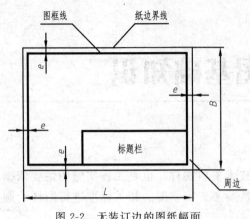

图 2-2 无装订边的图纸幅面

为有装订边和无装订边两种情况，因此，在绘制图样时还需要根据装订的要求设计图纸的边距等参数。图 2-1 是有装订边时的图纸幅面，图 2-2 是无装订边时的图纸幅面。

每张环境工程图样的图框和标题栏都必须用粗实线绘制。标题栏用来填写设计环境工程单位（设计人、绘图人、审批人）的签名和日期、环境工程名称、图名、图纸编号等内容。每张图样上必须画出标题栏，标题栏位于图纸右下角，并且标题栏中的文字方向与看图方向一致。常见的环境工程图样标题栏见图 2-3。

表 2-1 环境工程制图常用图纸幅面和边距

幅面代号	A0	A1	A2	A3	A4
宽×长	841×1189	594×841	420×594	297×420	210×297
a	20			10	
c	10			5	
e	25				

注：绘图中对图纸有加长加宽要求时，应按基本幅面的宽度成整数倍增加。

				××××脱硫工程	册号
审定		校核			图号
审核		设计		×××总图	张数
		绘图		××年××月	张号

图 2-3 常见的环境工程图样标题栏

2.3 绘图比例

环境工程制图中与绘图比例相关的国家标准为《技术制图 比例》（GB/T 14690—1993）。环境工程图样绘制前，需要根据表 2-2 的要求选择合适的比例，以保证图样能够充分表达。如果表 2-2 的比例不能够满足需求，允许从表 2-3 中选择合适的比例。

表 2-2 环境工程制图常用比例

种类	比例		
原值比例	1:1		
放大比例	5:1	2:1	
	$5×10^n:1$	$2×10^n:1$	$1×10^n:1$
缩小比例	1:2	1:5	1:10
	$1:2×10^n$	$1:5×10^n$	$1:10×10^n$

注：n 为正整数。

表 2-3 环境工程制图允许选用的比例

种类	比例				
放大比例	4:1	2.5:1			
	$4×10^n:1$	$2.5×10^n:1$	$1×10^n:1$		
缩小比例	1:1.5	1:2.5	1:3	1:4	1:6
	$1:1.5×10^n$	$1:2.5×10^n$	$1:3×10^n$	$1:4×10^n$	$1:6×10^n$

注：n 为正整数。

2.4 图 线

环境工程制图中与图线相关的标准主要包括：《技术制图 图线》（GB/T 17450—1998）、《机械制图 图样画法 图线》（GB/T 4457.4—2002）、《技术制图 CAD 系统用图线的表示》（GB/T 18686—2002）、《技术制图 图样画法 指引线和基准线的基本规定》（GB/T 4457.2—2003）。手绘环境工程图样和 CAD 计算机制图中常见的基本线型见表 2-4。除折断线和波浪线外，每种类型的图线又分为粗、中、细三种不同的线宽。在绘制图样时，可以根据图样表达的需求，对粗线选择基准线宽，常见的粗线基准线宽有 0.18mm、0.25mm、0.35mm、0.5mm、0.7mm、1.0mm、1.4mm 和 2.0mm，中线线宽为粗线线宽的一半，细线线宽为中线线宽的一半，折断线和波浪线统一为粗线基准线宽的四分之一。不同类型图线的用途见表 2-5。由于环境工程图样大多采用 CAD 软件绘制，在绘制过程中，为保持不同图样中图线的一致性，不同类型的图线设置为固定的颜色，见表 2-6 中的规定。

图线绘制的重要规定如下：

① 绘制图线不得与文字、数字或符号重叠、混淆。不可避免时，应首先保证文字清晰。

② 粗线的宽度应在 0.5～2mm 之间选择，应尽量保证在图样中不出现宽度小于 0.18mm 的图线。

③ 同一图样中，同类图线的宽度应一致。虚线、点画线及双点画线的线段长度和间隔应各自大致相等。

④ 在较小图形中绘制点画线或双点画线有困难时，可用实线代替。

⑤ 点画线或双点画线的两端，不应是点；点画线与点画线交接或点画线与其他图线交接时，应是线段交接。一般中心线应超出轮廓线 3～5mm 为宜。

⑥ 虚线与虚线交接或虚线与其他图线交接时，应是线段交接。虚线为实线的延长线时，不得与实线连接。

表 2-4 环境工程制图图线要求

代码	基本线型	名称
01	——————————	实线
02	– – – – – – – – – –	虚线
03	— — — — — —	间隔画线
04	— · — · — · — · —	单点长画线
05	— ·· — ·· — ·· —	双点长画线
06	— ··· — ··· — ··· —	三点长画线
07	··················	点线
08	— — — —	长画短画线
09	— ·· — ·· — ··	长画双点画线
10	– · – · – · – ·	点画线
11	– ·· – ·· – ··	单点双画线
12	– ·· – ·· – ··	双点画线
13	– ·· – ·· – ··	双点双画线
14	– ··· – ··· – ···	三点画线
15	– ··· – ··· – ···	三点双画线

表 2-5　不同类型图线的用途

名称		线型	线宽	一般用途
实线	粗		d	主要可见轮廓线
	中		$0.5d$	可见轮廓线
	细		$0.25d$	可见轮廓线、图例线等
虚线	粗		d	见有关专业制图标准
	中		$0.5d$	不可见轮廓线
	细		$0.25d$	不可见轮廓线、图例线等
点画线	粗		d	见有关专业制图标准
	中		$0.5d$	见有关专业制图标准
	细		$0.25d$	中心线、对称线
双点画线	粗		d	见有关专业制图标准
	中		$0.5d$	见有关专业制图标准
	细		$0.25d$	假想轮廓线
折断线			$0.25d$	断开界线
波浪线			$0.25d$	断开界线

表 2-6　CAD 绘图中不同类型图线的颜色设置

图线类型		屏幕上的颜色
粗实线		白色
细实线		绿色
波浪线		
双折线		
虚线		黄色
细点画线		红色
粗点画线		棕色
双点画线		粉红色

2.5 字　体

　　环境工程制图中与字体相关的标准主要包括：《技术制图　字体》（GB/T 14691—1993）。环境工程图样中的字体主要包括汉字、数字和字母这 3 类。字体的大小用字高描述，以字号表示。字体的大小应依据图纸幅面和比例等情况从国家标准规定的字高系列中选用（表2-7）。CAD 制图中有关字体间距的规定见表 2-8。此外，环境工程图样中对字体还有一些常见规定：

表 2-7　环境工程制图中常用的字高与对应字宽　　　　　单位：mm

字高	20	14	10	7	5	3.5	2.5
字宽	14	10	7	5	3.5	2.5	1.8

表 2-8　CAD 制图中有关字体间距的规定　　　　　单位：mm

字体	最小距离	
汉字	字距	1.5
	行距	2
	间隔线或基准线与汉字的间距	1
阿拉伯数字、希腊字母、罗马数字	字符	0.5
	词距	1.5
	行距	1
	间隔线或基准线与字母、数字的间距	1

注：当汉字与字母、数字混合使用时，字体的最小字距、行距等应根据汉字的规定使用。

① 图名及说明用的汉字，应采用长仿宋体。

② 环境工程图样上书写的阿拉伯数字、拉丁字母、罗马数字的字高应不小于 2.5mm。

③ 字母和数字有两种（均为窄体），在同一图样上，只能选取一种。

④ 字母和数字可写成斜体或直体。斜体字字头向右倾斜，与水平基准线成 70°。

2.6　尺　寸　标　注

环境工程制图中与尺寸标注相关的标准主要包括：《机械制图　尺寸注法》（GB/T 4458.4—2003）、《技术制图　简化表示法　第 2 部分：尺寸注法》（GB/T 16675.2—2012）、《技术制图　圆锥的尺寸和公差注法》（GB/T 15754—1995）和《技术制图　图样画法　未定义形状边的术语和注法》（GB/T 19096—2003）。

环境工程图样仅表示构筑物或者设备的形状，而真实大小则由图样上所标注的实际尺寸来确定。尺寸大小与比例和图幅等其他因素无关，所有标注的尺寸都应当是实际大小，也就是说不论图形放大或缩小，环境工程图样中的尺寸仍按实际尺寸注写。图样上标注的尺寸由尺寸界线、尺寸线、尺寸起止符号和尺寸数字四个部分组成。

① 尺寸界线：采用细实线绘制，一般应与被注长度垂直，其一端应离开图样轮廓线不小于 2mm，另一端宜超出尺寸线 2～3mm。必要时，图样轮廓线、中心线及轴线都允许用作尺寸界线。

② 尺寸线采用细实线绘制，并应与被标注的长度平行，且不宜超出尺寸界线，尺寸线必须单独绘制，不能与其他图线重合。

③ 尺寸起止符号用来表示尺寸线与尺寸界线的相交点，也就是尺寸的起止点。在起止点处画出表示尺寸起止的中粗斜短线，称为尺寸的起止符号。中粗斜短线的倾斜方向应与尺寸界线成顺时 45°角，长度宜为 2～3mm。半径、直径、角度、弧长的尺寸起止符号，宜用箭头表示。

④ 在环境工程制图中，一律用阿拉伯数字标注工程形体实际尺寸，它与绘图所用的比例无关。图样上的尺寸单位，除标高及总平面图以米为单位外，均必须以毫米为单位。因此，图样上的尺寸数字无需注写单位。

环境工程图样常见的尺寸标注符号、标注方式和示意图见表 2-9。

表 2-9　环境工程制图常用尺寸标注方式

标注目标	标注方式		示意图
	标注符号	标注要点	
半径	R	半圆或小于半圆的圆弧应标注半径。半径的尺寸线应一端从圆心开始,另一端画箭头指至圆弧	
直径	ϕ	圆或大于半圆的圆弧应标注直径。在圆内标注的直径尺寸线应通过圆心,两端画箭头指至圆弧	
球半径	SR	标注球的半径尺寸	
球直径	$S\phi$	标注球的直径尺寸	
薄板厚度	δ	在薄板板面标注板厚尺寸时,应在厚度数字前加厚度符号	
坡度	或	在标注坡度时,应加注坡度符号。坡度数字置于符号之上,坡度符号指向下坡方向	
正方形	□	标注正方形尺寸可使用正方形符号	

标注目标	标注方式		示意图
	标注符号	标注要点	
角度		标注角度时,应以角的两个边作为尺寸界线,尺寸线画成圆弧,其圆心就是该角度的顶点。角度的起止符号应以箭头表示,如没有足够位置画箭头,可用圆点代替。角度数字一律水平方向注写,并在数字的右上角相应地画上角度单位度、分、秒的符号	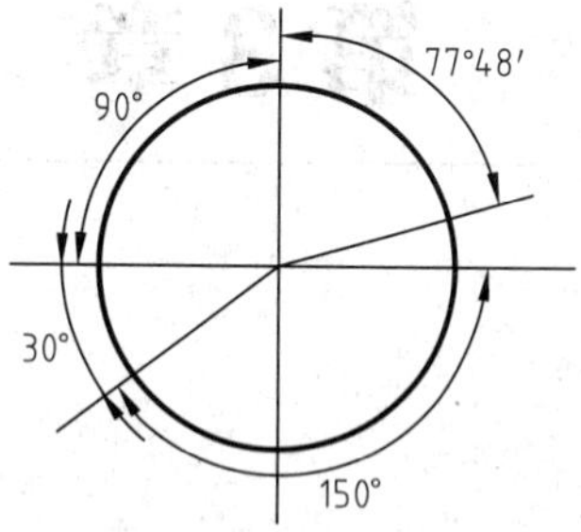
弧长		标注圆弧的弧长时,尺寸线应以与该圆弧同心的圆弧线表示,尺寸界线应垂直于该圆弧的弦,起止符号应以箭头表示,弧长数字的上方应加注圆弧符号	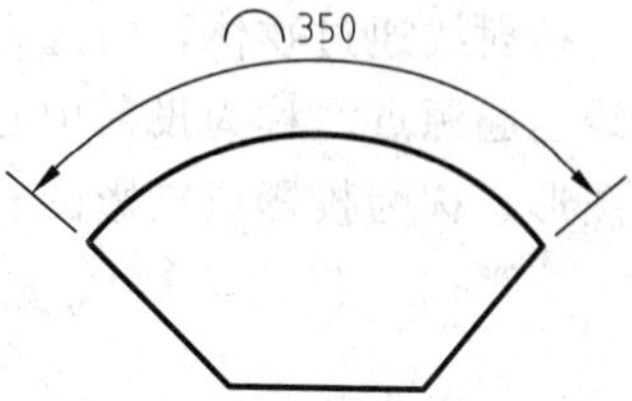
弦长		标注圆弧的弦长时,尺寸线应以平行于该弦的直线表示,尺寸界线应垂直于弦,起止符号应以中粗斜短线表示	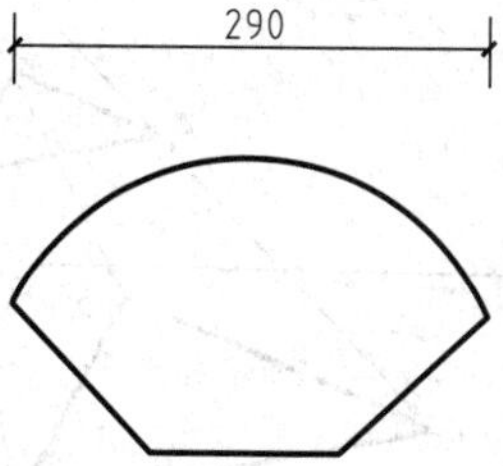

2.7 剖面区域

环境工程制图中与剖面区域相关的标准主要包括:《机械制图 剖面区域的表示法》(GB/T 4457.5—2013)和《技术制图 图样画法 剖面区域的表示法》(GB/T 17453—2005)。环境工程制图中常用剖面区域样式见表2-10。在绘制环境工程图样时,需要根据设计要求选择不同的工程材料,这些材料采用不同的剖面样式表达。

表 2-10 环境工程制图中常用剖面区域样式

剖面区域的样式	名称	剖面区域的样式	名称
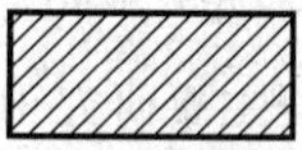	金属材料/普通砖	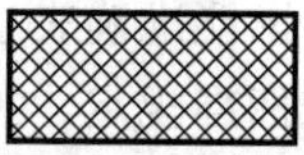	非金属材料(除普通砖外)
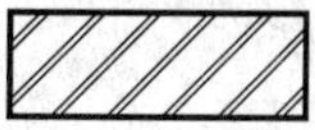	固体材料		混凝土
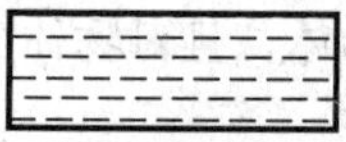	液体材料	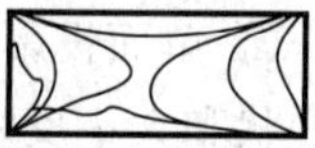	木质件
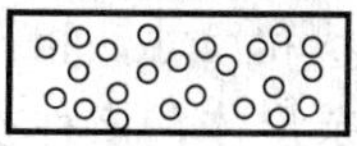	气体材料	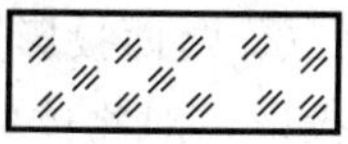	透明材料

第3章 点、直线、平面的投影

3.1 投影基础知识

折射线通过物体，向选定的平面投影，并在该平面上得到图形的方法称为投影。所有折射线的起源点，称为投射中心。投影法中用于得到投影的面，称为投影面。根据投影法得到的图形，称为投影或投影图。

3.1.1 投影方法

根据投射线间的位置关系（交汇或平行），投影法可分为中心投影法和平行投影法。

3.1.1.1 中心投影法

折射中心位于投影面有限远处，所有投射线交汇于一点的投影法，称为中心投影法。中心投影法的特点如下：

① 投射线交汇于投射中心。

② 当投影面和物体形态不变时，投影的大小随空间物体与投影中心的远近而变化，一般不反映空间物体的真实形状和大小，如图 3-1 所示。

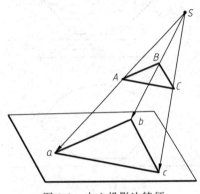

图 3-1 中心投影法特征

3.1.1.2 平行投影法

投射中心位于投影面无穷远处，所有投射线互相平行的投影法，称为平行投影法。根据投射线与投影面夹角的不同分为以下两种。

（1）斜投影法 投射线与投影面倾斜，如图 3-2 所示，斜投影的主要特点是直观性好。

（2）正投影法 投射线与投影面垂直，如图 3-3 所示。

用正投影法得到的正投影能准确表达物体形状和大小，且作图比较简单，因此，国家标准规定，技术图样采用正投影法绘制。本课程主要研究正投影。本书中，除有特别说明外，所述投影均指正投影。

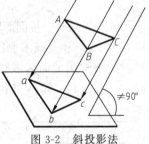

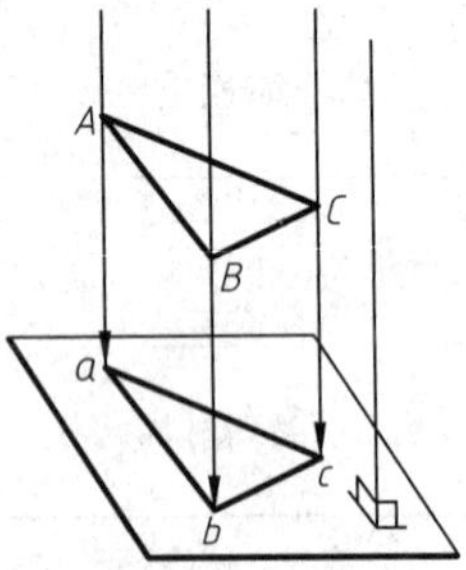

图 3-2 斜投影法

3.1.2 投影图的形成

① 单面投影确定性较差，不易区分有差异的物体，且对物体的空间形状和大小反映较差。

② 两面投影是在两个投影面上投射出物体形状和尺寸，相比单面投影，对物体的确定性大大提高，但是对于复杂形体，该种投影法仍存在缺陷。

图 3-3 正投影法

③ 三面投影体系，是指将物体置于两两垂直的三个投影面内，从三个方向向投影面进行投射。分别为水平投影、正面投影和侧面投影。

3.1.3　投影图的特性

3.1.3.1　中心投影

中心投影中，物体投影的大小随物体与投影中心或投影面之间的距离、位置的改变而改变。其投影比实物大，如图 3-4 所示。采用中心投影法绘制的图样立体感强，工程中常用于绘制建筑物的透视图。但是这种投影方法不能正确反映物体原来的真实大小，度量性差，不适用于绘制机械图样。

3.1.3.2　斜投影法

斜投影法由于透射角度不同，所以投影易发生变化。斜投影法的特点是立体感较强，但度量性较差，应用不多，只在轴测图的斜轴测图中有应用。

3.1.3.3　正投影法

（1）真实性　当直线或平面平行于投影面时，其投影反映直线的实长或平面的实形，如图 3-5 所示。

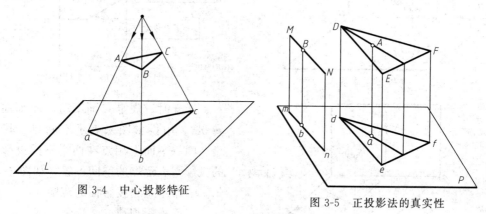

图 3-4　中心投影特征

图 3-5　正投影法的真实性

（2）积聚性　当直线或平面垂直于投影面时，直线的投影积聚为一点，平面的投影积聚为一条直线，如图 3-6 所示。

（3）类似性　当直线或平面与投影面倾斜时，直线的投影长度小于实长，平面的投影为与原形类似的图形，如图 3-7 所示。

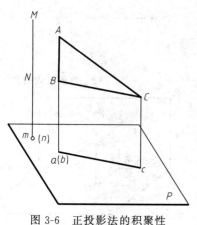

图 3-6　正投影法的积聚性

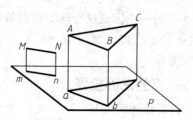

图 3-7　正投影法的类似性

3.2 点的投影

3.2.1 点的二面投影

点的两个投影能唯一确定该点的空间位置。

两投影面体系由相互垂直的正立投影面 V 面和水平投影面 H 面两个投影面构成。两投影面的交线 OX 为投影轴。V 面和 H 面将空间分成四个分角，如图 3-8 所示。处在前、上侧的分角称为第一分角。我们通常把物体放在第一分角中来研究。

点的二面投影图是将空间点向两个投影面作正投影后，将两个投影面展开在同一个面后得到的，如图 3-9 所示。点的二面投影详图见图 3-10。

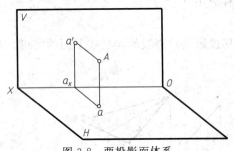

图 3-8 两投影面体系

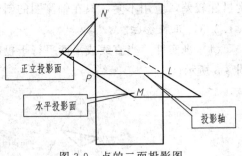

图 3-9 点的二面投影图

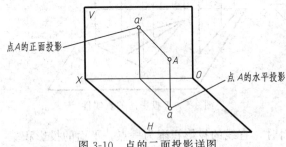

图 3-10 点的二面投影详图

展开时，规定 V 面不动，H 面向下旋转 $90°$。用投影图来表示空间点，其实质是在同一平面上用点在两个不同投影面上的投影来表示点的空间位置，如图 3-11 所示。通常不画出投影面的范围。

二面投影规律：

① 两投影连线垂直于投影轴；即 $aa' \perp OX$，如图 3-12 所示。

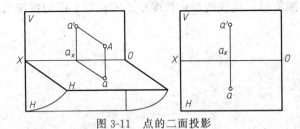

图 3-11 点的二面投影

图 3-12 二面投影规律

② 点的一投影到投影轴的距离等于该空间点到另一投影面的距离，即 $a'a_x = Aa$；$Aa' = aa_x$，如图 3-13 所示。

3.2.2 点的三面投影

三投影面体系由 V、H、W 三个投影面构成。W 面与 V 面、H 面都垂直。H 面与 W 面的交线为 OY

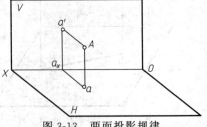

图 3-13 两面投影规律

轴，V 面和 W 面的交线为 OZ 轴。三条投影轴 OX、OY、OZ 必两两垂直，如图 3-14 所示。

点的三面投影图是将空间点 S 向三个投影面 V 面、H 面、W 面分别作正投影后，再将三个投影面展开在同一个面后得到的。展开时，规定 V 面不动，H 面向下旋转 $90°$，W 面向右旋转 $90°$。投影面是没有边界的，因此在投影图上一般不画出投影面的边框，如图 3-15 所示。

点 S 在 V 面上的投影 s' 称为正面投影，在 H 面上的投影 s 称为水平投影，在 W 面上的投影 s'' 称为侧面投影，如图 3-16 所示。

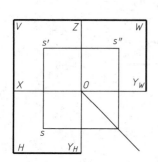 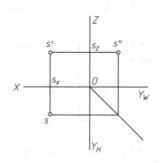 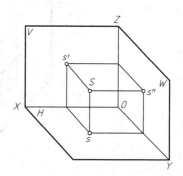

图 3-14　三面投影体系　　　　图 3-15　点的三面投影图　　　　图 3-16　点在三面的投影

三面投影规律：

① 点的 V 面投影与 H 面投影之间的连线垂直于 OX 轴，即 $ss' \perp OX$；

② 点的 V 面投影与 W 面投影之间的连线垂直于 OZ 轴，即 $s's'' \perp OZ$；

③ 点的 H 面投影到 OX 轴的距离及点的 W 面投影到 OZ 轴的距离两者相等，即 $ss_x = s''s_z$。

3.2.3　点的相对位置

3.2.3.1　两点相对位置的确定

空间点在三投影体系中的相对位置，根据空间点到投影面的距离来确定。距离 W 面远者在左，近者在右；距离 V 面远者在前，近者在后；距离 H 面远者在上，近者在下。

图 3-17 所示为 A 和 B 两点的三面投影，它们的相对位置确定如下：

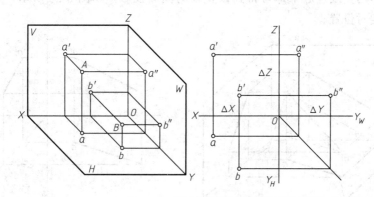

图 3-17　两点的相对位置

设空间两点的坐标为 A（x_1，y_1，z_1）和 B（x_2，y_2，z_2）。A、B 两点的左右位置，由 X 坐标差 ΔX 决定，$\Delta X > 0$，则 A 点在左，B 点在右。A、B 两点的前后位置，由 Y 坐标差 ΔY 决定，$\Delta Y > 0$，则 A 点在前，B 点在后。两点的上下位置。由 Z 坐标差决定，$\Delta Z > 0$，则 A 点在上，B 点在下。

3.2.3.2 重影性及其可见性

当两点的某个坐标相同时，该两点将处于同一投影线上，因而对某一投影面具有重合的投影，则这两个点的坐标称为对该投影面的重影点。

如图 3-18 所示，因 A、B 两点到 V 面和 W 面的距离相等，所以，A、B 两点处于同一条至 H 面的投影线上，它们在 H 面上的投影重合，所以称 A、B 两点为对 H 面的重影点。

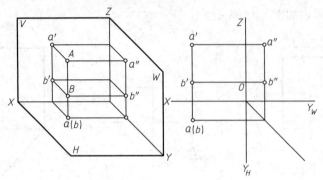

图 3-18 两点的重影性

对重影点需要判断可见性的问题。在投影图上，如果两个点的投影重合，则对重合投影所在的投影面的距离（即对该投影面的坐标值）较大的那个点是可见的，而另一个点是不可见的，应将不可见的点用括弧括起来。

3.3 直线的投影

3.3.1 直线的投影

直线的投影由直线上的两点（常为线段的两个端点）在同面的投影来确定。通常情况下，直线的投影仍旧是直线，只是长短会有所不同，而在特殊情况下会积聚成一个点。直线的投影图见图 3-19。直线的投影最终可归结为点的投影，当确定直线上两点的投影时，将两点的同面投影用直线连起来即可得到该直线的同面投影，如图 3-20 所示，是直线在单一投影面的三种相对位置。

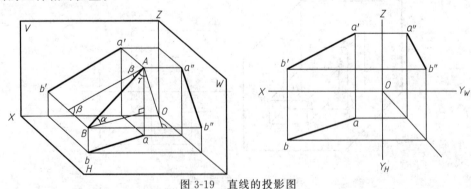

图 3-19 直线的投影图

3.3.2 特殊位置直线

直线投影中有两类特殊位置的直线，分别为投影面垂直线和投影面平行线。投影面垂直线指的是直线垂直于一个投影面，而平行于另外两个投影面。投影面垂直线包括三种——正

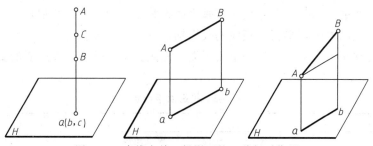

图 3-20 直线在单一投影面的三种相对位置

垂线、铅垂线和侧垂线，定义见表 3-1。

表 3-1 投影面垂直线

类 别	定 义	特 性
铅垂线	直线垂直于 H 面并与 V、W 面平行	见表 3-2
正垂线	直线垂直于 V 面并与 H、W 面平行	见表 3-2
侧垂线	直线垂直于 W 面并与 H、V 面平行	见表 3-2

表 3-2 投影面垂直线特性

名称	正垂线	铅垂线	侧垂线
实例图			
立体图			
投影图			
投影特性	(1)正面投影积聚为一点； (2)水平投影 // OY_H 轴，侧面投影 // OY_W 轴，反映实长	(1)水平投影积聚为一点； (2)正面投影和侧面投影都 // OZ 轴，反映实长	(1)侧面投影积聚为一点； (2)正面投影和水平投影都 // OX 轴，反映实长

投影面垂直线的特点是：①直线在所垂直的投影面上的投影，会积聚成一点；②直线在另外两个投影面上的投影，平行于相应的投影轴，且反映实长。

投影面平行线指的是只平行于一个投影面，而倾斜于另外两个投影面的直线，定义见表3-3。

表 3-3　投影面平行线

类别	定　义	特　性
水平线	直线平行于 H 面并与 V、W 面倾斜	见表 3-4
正平线	直线平行于 V 面并与 H、W 面倾斜	见表 3-4
侧平线	直线平行于 W 面并与 H、V 面倾斜	见表 3-4

表 3-4　投影面平行线特性

名称	正平线（$/\!/ V$ 面）	水平线（$/\!/ H$ 面）	侧平线（$/\!/ W$ 面）
实例图	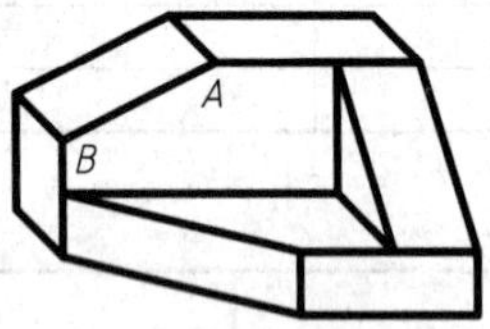	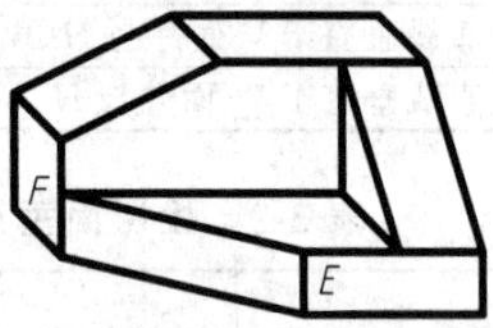	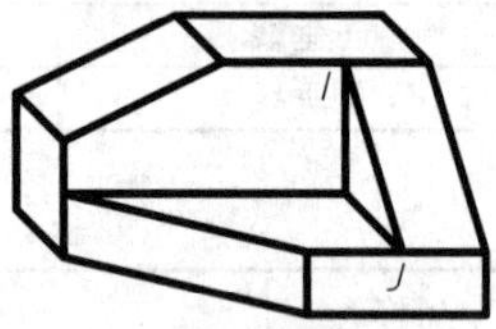
立体图	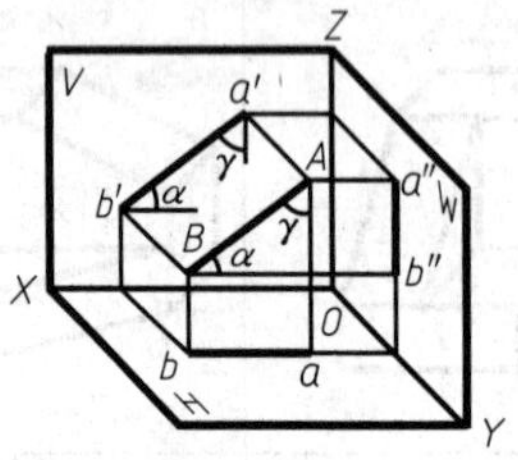	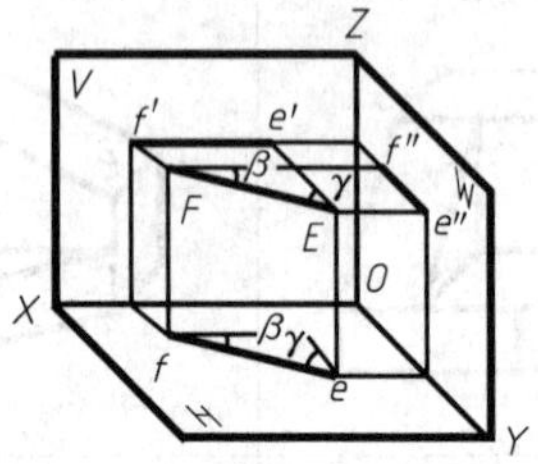	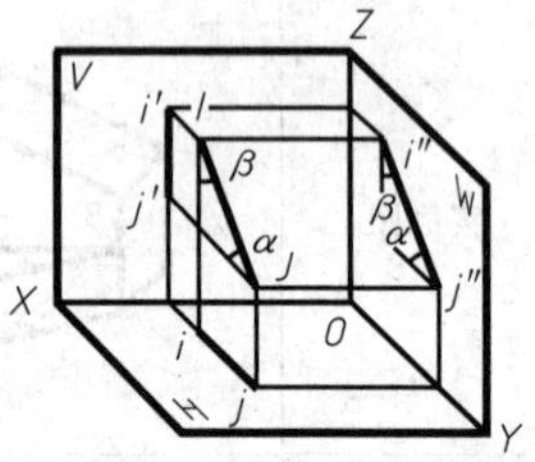
投影图	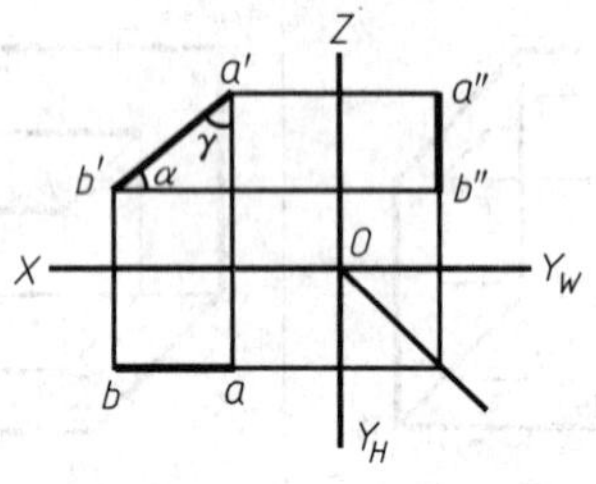	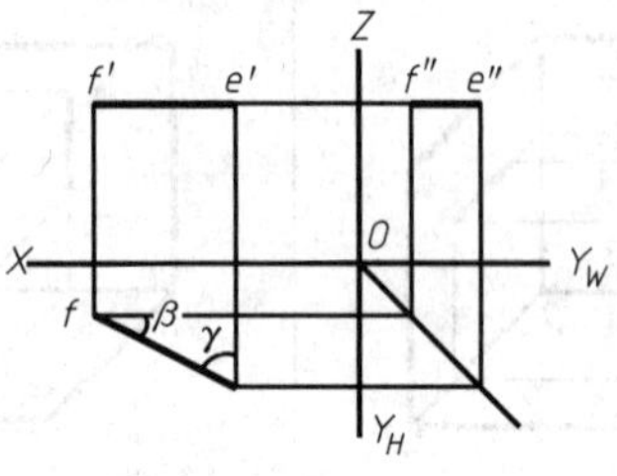	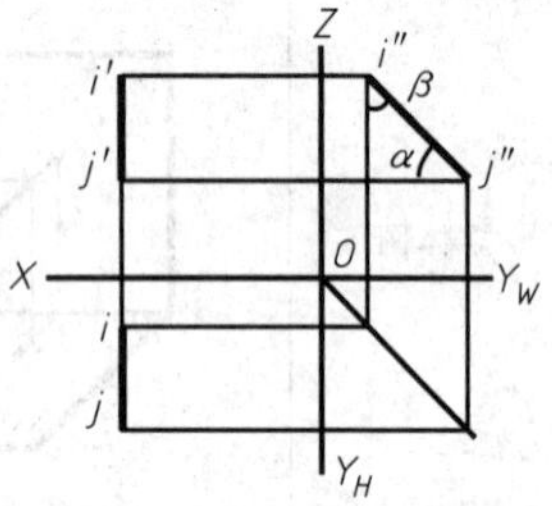
投影特性	（1）正面投影反映实长，其与 OX 轴、OZ 轴的夹角分别是对 H 面、W 面的真实倾角 α、γ； （2）水平投影 $/\!/ OX$ 轴，侧面投影 $/\!/ OZ$ 轴，小于实长	（1）水平投影反映实长，其与 OX 轴、OY_H 轴的夹角分别是对 V 面、W 面的真实倾角 β、γ； （2）正面投影 $/\!/ OX$ 轴，侧面投影 $/\!/ OY_W$ 轴，小于实长	（1）侧面投影反映实长，其与 OY_W 轴、OZ 轴的夹角分别是对 H 面、V 面的真实倾角 α、β； （2）正面投影 $/\!/ OZ$ 轴，水平投影 $/\!/ OY_H$ 轴，小于实长

投影面平行线的特点是：

① 在直线平行的投影面上的投影反映实长，而它与投影轴的夹角则反映直线与另外两个投影面的真实倾角。

② 直线在另外两个投影面上投影，平行于相应的投影轴，但长度缩短。

3.3.3　一般位置直线

一般位置直线指的是与三个投影面都倾斜的直线。直线与 H 面、V 面、W 面的倾角分别

用 α、β、γ 表示。如图 3-21 所示，直线 AB 在三个投影面的长度与倾角的关系为：$ab = AB\cos\alpha$；$a'b' = AB\cos\beta$；$a''b'' = AB\cos\gamma$。

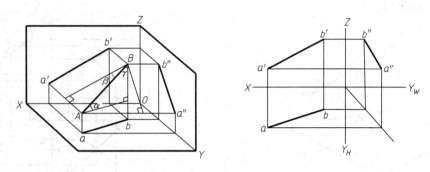

图 3-21　一般位置直线

一般位置直线的投影特点是：①直线在三个投影面的投影均为直线，且都倾斜于投影轴；②三个面的投影均不反映实长；③三个面的投影与投影轴间的夹角不反映空间线段对投影面的真实倾角。

3.3.4　两直线的相对位置

空间中两条直线的相对位置可分为平行、相交和交叉三种情况。前两种位置被称为同面直线；后一种称为异面直线。

3.3.4.1　两直线平行

特性：①若空间中两直线相互平行，其在同一面的投影必相互平行；反之，若两直线在各个同面的投影都互相平行，则该两条直线在空间中也一定互相平行。②若空间中两直线平行，则它们的长度之比与它们在同面投影的长度之比相同。如图 3-22 所示，$AB \parallel CD$，则 $ab \parallel cd$、$a'b' \parallel c'd'$、$a''b'' \parallel c''d''$，同时 $ab : cd = a'b' : c'd' = a''b'' : c''d''$。

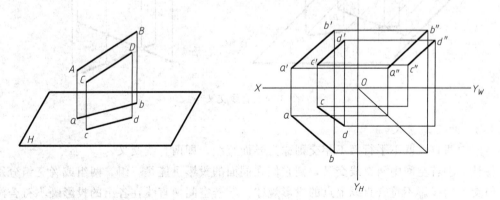

图 3-22　两直线平行

判定：①若两条直线处于一般位置，则通过观察两直线在同面内的投影是否互相平行进行判定。②若两条直线平行于某一投影面，则通过观察两直线在所平行的那个投影面上的投影是否平行来进行判定。

3.3.4.2　两直线相交

特性：①若空间中两直线相交，那么它们在各组同面的投影也一定相交，且交点为两直线的共有点，符合点的投影规律；②若空间两直线在各组同面投影都相交，同时交点的投影符合直线上点的投影规律，那么空间中的两条直线一定为相交关系。如图 3-23 所示，两直线 AB 与 CD 相交于 S 点，S 点为两直线的共有点，则两条直线在同面中的投影交点 s、s′、s″ 必定是 S 的投影。

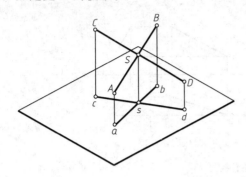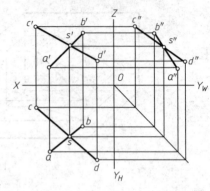

图 3-23　两直线相交

判定：①若两条直线均为一般位置直线，则通过观察两直线在任何两组同面内的投影是否相交且交点是否符合点的投影规律进行判定。②若两条直线中有一条直线平行于投影面，则通过观察两直线在该投影面上的投影是否相交且是否符合点的投影规律来进行判定。③可根据直线投影的定比性来进行判断。如图 3-24 所示，两直线 AB、CD 的两组同面投影 ab 与 cd、a′b′ 与 c′d′ 虽然相交，但通过分析，W 面的交点不重合，可判定两直线在空间不相交。

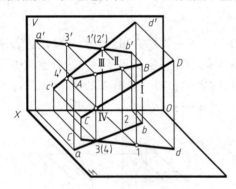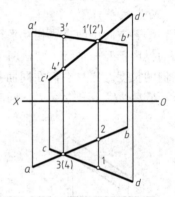

图 3-24　直线交叉

3.3.4.3　两直线交叉

空间中两直线既不平行又不相交则称为异面直线，即两直线交叉。

特性：①若空间中两直线交叉，则它们在同面的投影可能是一组、两组或者三组分别相交，但交点的投影不符合直线上点的投影规律。②若空间两直线在各组的投影既不符合两直线平行的特性，又不符合两直线相交的特性，则该两条直线一定为交叉关系。

判定：交叉两直线在同一平面的投影的交点是一对重影点，利用重影点的可见性来判断两直线在空间的位置，判断原则为前遮后、上遮下、左遮右。

3.3.5　两直线垂直

两直线垂直又可以分为直线相互垂直和直线交叉垂直。特性如下：①空间垂直相交的两条直线，若其中至少有一条直线平行于某投影面时，则在该投影面上的投影也是直角；②若相交的两直线在某投影面上的投影是直角，且其中的一条直线平行于该投影面，那么这两条直线在空间中必互相垂直。上述特性又被称为直角投影定理。如图 3-25 所示，若 $AB \perp BC$，$AB \perp Bb$，则 $AB \perp$ 平面 $BCcb$，而 $AB /\!/ ab$，所以 $ab \perp$ 平面 $BCcb$，因而 $ab \perp bc$。

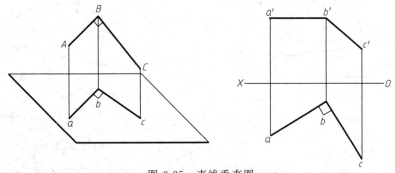

图 3-25　直线垂直图

3.4　平面的投影

3.4.1　平面的表示方法

平面的表示方法主要有两种：几何元素表示法和迹线表示法。

3.4.1.1　几何元素表示法

由几何知识可知，不在同一直线上的三点可以确定一个平面，因此做出三点的投影就可以表示一个平面的投影。而三个点又可以转化成其他形式，因此，平面的投影图可以用下列任何一组几何元素的投影来表示：不在同一条直线上的三个点；一条直线和不属于该直线上的一点；相交的两条直线；相互平行的两条直线；任意一个平面图形。

上述五组几何元素的表示方法间可以相互转换，虽然形式不同，但表示的平面不变，如图 3-26 所示。

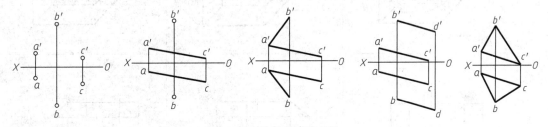

图 3-26　几何元素表示法

3.4.1.2　迹线表示法

迹线指的是平面与投影面的交线。用迹线表示的平面又称为迹线平面，而用几何元素表示的平面则称为非迹线平面。如图 3-27 所示，空间平面 S 与 V 面的交线是 S 面的正面迹线；空间平面 S 与 W 面的交线是 S 面的侧面迹线；空间平面 S 与 H 面的交线称为 S 面的水平迹线。如果 S 用来表示平面，则其与不同面的迹线可分别表示为：s_H、s_V、s_W。平面 S 与投影轴的交点，被称为迹线集合点，即两迹线的交点，分别为 s_X、s_Y、s_Z。

3.4.2　特殊位置平面

根据平面与三个投影面之间的相对位置不同，可将平面分为一般位置平面和特殊位置平面，特殊位置平面又分为投影面垂直面和投影面平行面。

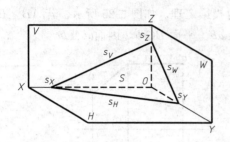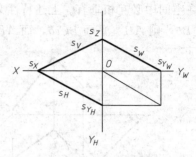

图 3-27　迹线表示法

3.4.2.1　投影面垂直面

投影面垂直面（表 3-5）指的是垂直于一个投影面，而与其他两个投影面相倾斜的平面。其中，垂直于 V 面的平面称为正垂面，垂直于 H 面的平面称为铅垂面，垂直于 W 面的平面称为侧垂面。无论是哪类投影面垂直面均具有以下特性：

① 其在垂直的投影面上的投影会积聚成一条直线。

② 其投影与投影轴间的夹角反映的是平面与另外两个投影面间的真实倾角。

③ 其在另外两个投影面上的投影是原形的类似形，但面积会缩小。

表 3-5　投影面垂直面

名称	铅垂面 $\alpha=90°,0°<\beta、\gamma<90°$	正垂面 $\beta=90°,0°<\alpha、\gamma<90°$	侧垂面 $\gamma=90°,0°<\alpha、\beta<90°$
立体图			
投影图			
投影特点	（1）水平投影积聚成一直线，且反映真实倾角 $\beta、\gamma$； （2）正面投影和侧面投影为原平面图形的类似形，且面积缩小	（1）正面投影积聚成一直线，且反映真实倾角 $\alpha、\gamma$； （2）水平投影和侧面投影为原平面图形的类似形，且面积缩小	（1）侧面投影积聚成一直线，且反映真实倾角 $\alpha、\beta$； （2）水平投影和正面投影为原平面图形的类似形，且面积缩小

3.4.2.2　投影面平行面

投影面平行面（表 3-6）指的是平行于其中一个投影面的平面。其中，平行于 V 面的平面称为正平面，平行于 H 面的平面称为水平面，而平行于 W 面的平面称为侧平面。所有类型的投影面平行面均具有以下投影特性：

① 平面在所平行的投影面上的投影反映实形。

② 在另外两个投影面上的投影会积聚成一条线，且平行于相应的投影轴。

表 3-6　投影面平行面

名称	水平面 $\alpha=0°,0<\beta、\gamma<90°$	正平面 $\beta=0°,0<\alpha、\gamma<90°$	侧平面 $\gamma=90°,0<\alpha、\beta<90°$
立体图			
投影图			
投影特点	(1)水平投影反映实形； (2)正面投影 $//OX$ 轴，侧面投影 $//OY_W$ 轴，且都积聚成一条直线	(1)正面投影反映实形； (2)水平投影 $//OX$ 轴，侧面投影 $//OZ$ 轴，且都积聚成一条直线	(1)侧面投影反映实形； (2)正面投影 $//OZ$ 轴，水平投影 $//OY_H$ 轴，且都积聚成一条直线

3.4.3　平面上的点与直线

3.4.3.1　一般位置平面上的点与直线

一般位置平面上的点与直线如图 3-28 所示。

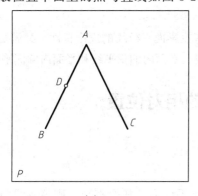

(a)

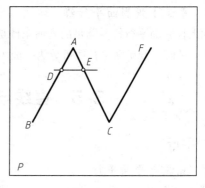

(b)

图 3-28　一般位置平面上的点与直线

一般位置平面上的点需满足的几何条件是：点位于平面内的任一直线上。因此，如果要在平面内取点必须先在平面内选取一条直线，然后在直线上取点，如图 3-29（a）所示。

一般位置平面上的直线需满足的几何条件是：直线通过平面上的两点或者直线通过平面内的一点且平行于平面上的另一条直线，如图 3-29（b）、（c）所示。

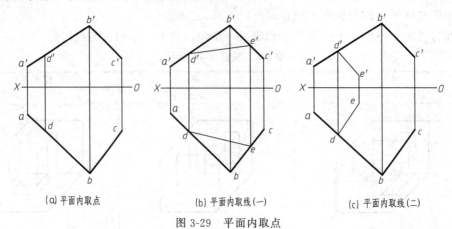

(a) 平面内取点　　　　(b) 平面内取线（一）　　　　(c) 平面内取线（二）

图 3-29　平面内取点

3.4.3.2　特殊位置平面上的点和直线

由于特殊位置平面在其所垂直的投影面上的投影会积聚成直线，因此属于该平面上的点和直线的投影必定会重合于该平面具有积聚性的那个投影或迹线，如图 3-30 所示。

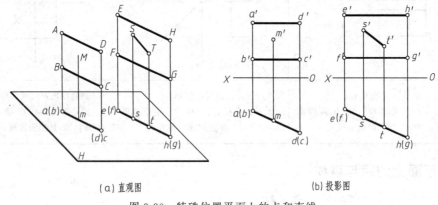

(a) 直观图　　　　　　(b) 投影图

图 3-30　特殊位置平面上的点和直线

3.4.3.3　平面上投影面平行线

平面上投影面平行线需满足的几何条件是：既具有投影面平行线的投影特性，又满足平面直线的特性。平面上投影面平行线可分为平面内的水平线、平面内的正平线和平面内的侧平线。

3.5　直线与平面的相对位置

3.5.1　平行

3.5.1.1　直线与平面平行

直线与平面平行的几何条件：如果一直线平行于平面内的任意直线，则该直线与平面平行。如图 3-31 所示，直线 AC 平行于平面 Q 内的一条直线 BD，即 $AC /\!/ BD$，则 AC 与平面

Q 平行。

【例 3-1】　判断图 3-32 中的直线 MN 与 $\triangle ABC$ 是否平行。

解：在 $\triangle ABC$ 上任作一条辅助直线 PQ，使它的水平投影 $pq \parallel mn$，如图 3-33 所示，作出 $p'q'$，然后判断 $p'q'$ 与 $m'n'$ 是否平行。结论：由于 $p'q'$ 与 $m'n'$ 不平行，则直线 MN 不平行于 $\triangle ABC$。

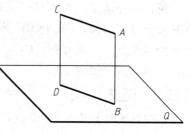

图 3-31　直线与平面平行

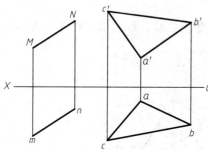

图 3-32　判断直线 MN 与 $\triangle ABC$ 是否平行

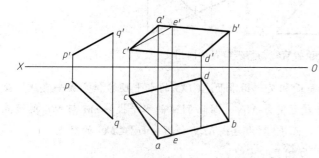

图 3-33　MN 与 $\triangle ABC$ 的位置关系

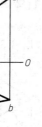

图 3-34　作水平线平行于定平面

【例 3-2】　过点 P 作一条水平线，使其平行于定平面 $\square ABCD$，如图 3-34 所示。

解：过点 C 作属于平面 $\square ABCD$ 的直线 CE，即先过 c' 作 $c'e'$，e' 取在 $a'b'$ 上，然后作出 ce。然后过点 p 作直线 $pq \parallel ce$、$p'q' \parallel c'e'$。直线 PQ 即为所求的水平线。

3.5.1.2　两平面平行

两平面平行的几何条件：若一个平面内有两条相交直线分别平行于另一平面上的两条相交直线，则这两个平面相互平行。如图 3-35 所示，位于平面 M 的相交两直线 AD 和 BC 与属于平面 N 的两直线 HG 和 FI 对应平行，即 $AD \parallel FI$、$BC \parallel HG$，则两平面 M 与 N 平行。

【例 3-3】　判断图 3-36 所示两平面 $\triangle ABC$ 和 $\triangle LMN$ 是否平行。

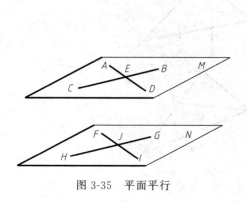

图 3-35　平面平行

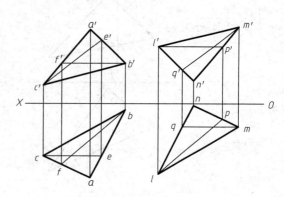

图 3-36　判断两平面是否平行

解：先作属于△ABC和△DEF的一对相交的水平线和正平线，看两平面的相交直线是否对应平行。因此，CE和BF为△ABC的水平线和正平线，而LP和MQ为△LMN的水平线和正平线。由图可知：CE∥MQ（ce∥mq，c'e'∥m'q'），BF∥LP（bf∥lp，b'f'∥l'p'），于是两平面平行。

3.5.2 相交

空间直线与平面相交于一点，这个点称为交点。交点是直线和平面的共有点，既属于直线，又属于平面。平面与平面相交于一条直线，这条直线为交线。交线是相交两平面的共有线。

3.5.2.1 一般位置直线与特殊位置平面相交

若直线与平面相交或两平面相交，且其中之一为特殊位置时，可利用该特殊位置直线的某一投影的积聚性，直接求得交点。

【例 3-4】 求直线MN与铅垂面△CDG的交点（图3-37）。

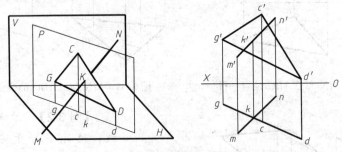

图3-37 一般位置直线与特殊位置平面相交

解：如图3-37所示，直线MN与铅垂面相交，铅垂面△CDG的水平投影积聚成一直线，交点K的水平投影属于直线gd，交点K又属于直线MN。因此MN的水平投影mn与cdg的交点k即为交点K的水平投影，即可确定出k，点K即为直线MN和铅垂面△CDG的交点。

3.5.2.2 特殊位置直线与一般位置平面相交

【例 3-5】 求铅垂线PQ与平面△ABC的交点（图3-38）。

解：如图3-38（a）所示，直线PQ为铅垂线，其水平投影具有积聚性。因为铅垂线PQ与平面△ABC的交点在PQ上，故交点K的水平投影k必与直线PQ的积聚性投影pq

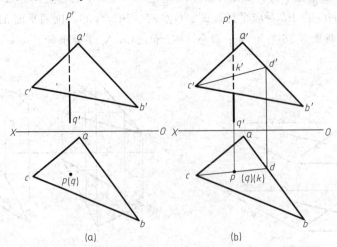

(a)　　　　　　　(b)

图3-38 一般位置平面与特殊位置直线相交

重合。交点 K 在平面△ABC 内，故交点 K 的正面投影 k'，可借助其水平面的投影点 k，利用面内取点的方法求出，如图 3-38（b）所示。

3.5.2.3　一般位置平面与特殊位置平面相交

【例 3-6】　如图 3-39（a）所示，已知四边形 $ABCD$ 是一般位置平面，四边形 $EFGH$ 是铅垂面，试求出它们的交线 IJ。

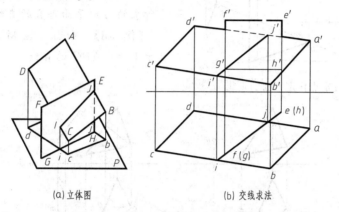

(a) 立体图　　　　(b) 交线求法

图 3-39　一般位置平面与垂直面相交

解：由于四边形 $EFGH$ 的水平投影具有积聚性，同时交线 IJ 在四边形 $EFGH$ 上，所以交线的水平投影 ij 是已知的，其中 j 位于 ac 上，i 位于 bc 上。然后根据从属性求出其正面投影 $i'j'$，位于 $a'c'$ 的 j' 和位于 $b'c'$ 的 i' 可通过作垂直于 OX 的连线得到。

3.5.3　垂直

3.5.3.1　直线与平面垂直

若一条直线垂直于平面，则该直线的水平投影必垂直于该平面上水平线的水平投影，正面投影一定垂直于该平面上正平线的正面投影。

如图 3-40 所示，直线 EF 垂直于平面 M，则直线 EF 必垂直于平面 M 上的一切直线，包括正平线 AC 和水平线 BD。根据直角投影定理可知，在投影图上，直线 EF 的水平投影必垂直于水平线 BD 的水平投影，直线 EF 的正面投影垂直于正平线 AC 的正面投影。反之，在投影图上，如果直线的水平投影垂直于平面内水平线的水平投影，直线的正面投影垂直于平面内的正直线的正面投影，则该直线必垂直于该平面。

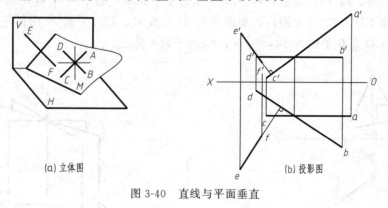

(a) 立体图　　　　　　(b) 投影图

图 3-40　直线与平面垂直

【例 3-7】　如图 3-41 所示，已知给定平面内的两平行直线 MN 和 EF。过点 A 作直线

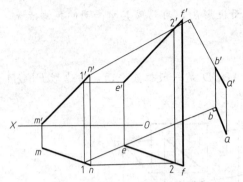

图 3-41　过定点作定平面的垂线

AB，使之垂直于给定平面。

解：先任意作属于定平面的水平线 $E1$（$e'1'/\!/OX$ 轴，从而求出 $e1$）和正平线 $N2$（$n2/\!/OX$ 轴，从而求出 $n'2'$），然后分别过 a' 作 $a'b'\perp n'2'$，过 a 作 $ab\perp e1$，直线 AB 就为所求的与定平面垂直的直线。

【例 3-8】 如图 3-42 所示，过点 M 作垂直于平面 $\triangle ABC$ 的直线。

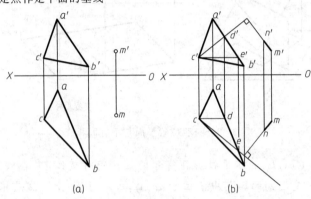

(a)　　　　　　　　(b)

图 3-42　过点作垂直于平面的直线

解：在平面 $\triangle ABC$ 上任作一水平线 CD 和一正平线 CE（直线 CD 的水平投影为 cd，直线 CE 的正面投影为 ce），过 m' 作 $m'n'\perp c'd'$，过 m 作 $mn\perp ce$，则直线 MN 必垂直于平面 $\triangle ABC$。

若平面为投影面垂直面，则垂直于该平面的直线必为投影面平行线。直线的投影垂直于平面的积聚性投影。如图 3-43 所示，直线 LK 垂直于铅垂面 ABC。

3.5.3.2　两平面相互垂直

若直线垂直于定平面，则包含该直线的所有平面均垂直于定平面；相反，若两平面相互垂直，由属于第一个平面的任一点向第二个平面所作的垂线必属于第一个平面。

如图 3-44 所示，直线 LS 是平面 M 的铅垂线，通过直线 LS 的平面 A、B、$C\cdots$ 都与平面 M 垂直。如图 3-45（a）所示，若平面 N 垂直于平面 M，过平面 N 内任意一点 C 向平面作垂线 CD，则 CD 必在 N 平面内。如图 3-45（b）所示，若自平面 N 内任一点 C 向 M 平面所作的垂线 CD 不在平面 N 内，则 N、M 两平面不垂直。

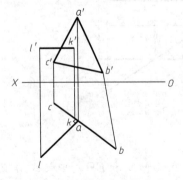

图 3-43　直线垂直于铅垂面

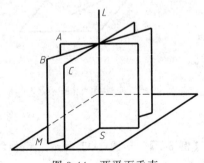

图 3-44　两平面垂直

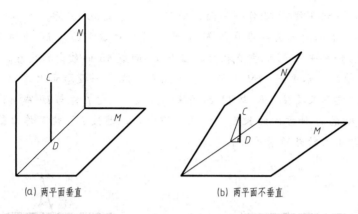

(a) 两平面垂直　　　　　(b) 两平面不垂直

图 3-45　两平面垂直的几何条件

【例 3-9】 过点 C 作一平面，使该平面垂直于定平面 $\triangle LMN$，如图 3-46 所示。

解：首先过点 C 作平面 $\triangle LMN$ 的垂线，则通过该垂线任作一平面即为所求定平面的垂直面。因此先作属于平面 $\triangle LMN$ 的水平线 MP 和正平线 NQ，然后过点 c' 作垂线 $c'a' \perp n'q'$，定位 c 点；随后过点 c 作一直线 ca $\perp mp$，任取一点 B，根据点的投影属性取 b 和 b'，连接 bc、$b'c'$、ab、$a'b'$，即 AC 和 BC 相交于 B 点，最终由相交两直线 AC 和 BC 所确定的平面 ABC 即为平面 $\triangle LMN$ 的垂直面。

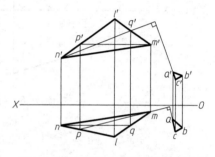

图 3-46　过定点作定平面的垂直面

3.5.4　最大倾斜线

3.5.4.1　定义

最大倾斜线是指空间中垂直于投影面平行线（水平线、正平线、侧平线）的直线。平面的最大倾斜线有助于确定平面的空间位置。

3.5.4.2　分类

垂直于水平线（或水平迹线）的直线，称为平面对 H 面的最大倾斜线，如图 3-47（a）；垂直于正平线（或正面迹线）的直线，称为平面对 V 面的最大倾斜线，如图 3-47（b）；垂直于侧平线（或侧面迹线）的直线，称为平面对 W 面的最大倾斜线。

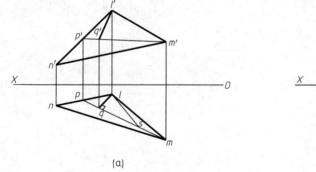

(a)

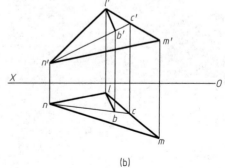

(b)

图 3-47　求最大倾斜线

【例 3-10】 过一水平线 MN 作一平面，使其与 H 平面成 45°角。

解：因平面对 H 面的最大斜度线与 H 面的夹角反映该平面与 H 面的夹角，所以只要作出任意一条与已知水平线 MN 垂直相交，且与 H 面成 45°的最大斜度线，则问题得解。

如图 3-48 所示，在水平线 MN 上任意取一点 K，在水平投影面上作 lk 垂直于 mn，则 LK 垂直于 MN。接下来要使 LK 与 H 面的夹角是 45°。过 l 作与 lk 成 45°夹角的 lp。则 pk 的长度就是 LK 的 Z 轴方向的长度。由此可作出 l'，连接 $l'k'$ 就可作出最大斜度线 LK。由两条直线构成的平面就是所求平面。

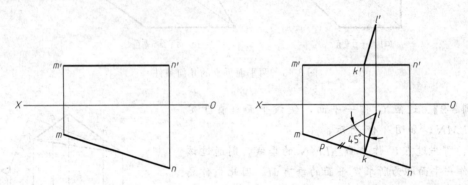

图 3-48 过直线 MN 作与 H 平面成 45°角

第4章 立体的投影

环境工程的构筑物、设备和其他立体物都可以看成由若干基本几何体（简称基本体）组合而成。基本几何体有平面立体和曲面立体。表面都是平面的立体称为平面立体，如棱柱、棱锥等；表面为平面与曲面或全是曲面的立体称为曲面立体，如圆柱、圆锥、球等。

4.1 平面立体的投影

平面立体是由棱面和底面的若干个平面围成的基本体。各棱面的交线称为棱线，棱面和底面的交线称为底边。常见的平面立体有棱柱和棱锥两种。

4.1.1 棱柱

棱柱是由两个底面和若干个棱面围成的平面立体。棱柱的底面是两个形状大小相同且相互平行的多边形，各个棱面为矩形。若棱柱的棱线垂直于底面称为直棱柱；若棱柱的棱线倾斜于底面称为斜棱柱；若棱柱的底面是正多边形称为正棱柱。棱柱的底面确定了棱柱的形状，称为特征面。

4.1.1.1 正六棱柱形体特征

正六棱柱由上、下两底面和六个矩形棱面围成。其中上、下两底面是相互平行的正六边形；六个棱面为全等的矩形，并且和底面垂直。六条棱线相互平行、长度相等且垂直于上下底面。

4.1.1.2 正六棱柱投影的三视图画法（作图步骤）

① 画出各投影的中心线和对称线，如图 4-1（a）所示。

② 画出反映实形的顶面和底面的水平投影，如图 4-1（b）所示。

③ 根据棱柱的高度画出顶面和底面的正面投影和侧面投影，如图 4-1（b）所示。

④ 连线顶面、底面对应顶点的正面投影和侧面投影，即为棱线、棱面的投影。

⑤ 可见性判断：可见棱线画粗实线，不可见棱线画虚线；当它们的投影重合时，画可

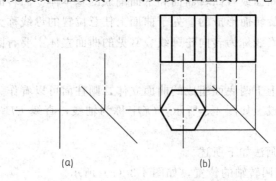

(a)　　　　　　　　(b)

图 4-1　正六棱柱的三视图作图

见棱线的投影，如图 4-1（b）所示。

4.1.2 棱锥

棱锥是由一个多边形底面和若干个具有公共顶点（锥顶）的三角形棱面围成的平面立体。若棱锥的底面为正多边形，各个侧面是全等的等腰三角形时，称为正棱锥。正棱锥的锥顶在底面的投影位于多边形的中心。

4.1.2.1 正三棱锥形体特征

正三棱锥由一个底面和三个侧面组成，底面为正三角形，三个棱面为三个全等的等腰三角形。

4.1.2.2 正棱锥投影的三视图画法（做图步骤）

① 画出底面的投影——水平投影和其他两个投影。

② 画出顶点 R 的三面投影。

③ 将锥顶和底面各个顶点的同面投影连接，画出各侧面的投影，并判断可见性，如图4-2 所示。

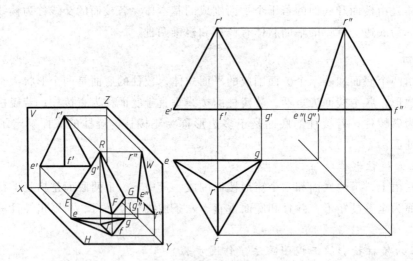

图 4-2 正棱锥的三视图作图

4.2 曲面立体的投影

曲面立体是由回转曲面或者回转曲面和平面围成的基本体。回转曲面是由母线（直线或曲线）绕某一回转轴线旋转而形成的，处于曲面上任意位置的母线称为素线；回转面可见部分与不可见部分的分界素线称为转向轮廓线。常见的曲面立体主要有圆柱、圆锥和圆球等。

4.2.1 圆柱

圆柱是由圆柱面和上下两底面组成的曲面立体，圆柱面可以看作为一条直线（母线）绕与它平行的轴向回转而成。如图 4-3 所示，OO_1 称为轴线，直线 EE_1 称为母线，母线停留在任一位置称为素线。

圆柱投影的三视图画法如下所述。

① 画中心线，确定回转轴的位置，如图 4-3（a）所示。

圆柱面的水平投影积聚成一个圆，在投影为圆的视图上要画两条相互垂直的点画线，即中心线。中心线的交点即为圆心的位置，也是回转轴的积聚性投影。在投影为矩形的视图上要用点画线画出回转轴的投影。

② 画出水平投影为圆的视图，如图 4-3（b）所示。

③ 根据投影圆确定的转向轮廓线位置和圆柱高度画出其余两个视图，如图 4-3（b）所示；

圆柱的正面投影是其前、后转向轮廓线的投影，即圆柱面素线 EE_1、FF_1 的投影 $e'e_1'$、$f'f_1'$。圆柱面的侧面投影是其左、右转向轮廓线的投影，也是其素线 GG_1、HH_1 的投影 $g''g_1''$、$h''h_1''$。

④ 分析转向轮廓线并分析曲面的可见性，用粗实线画出可见部位，即为圆柱的三视图，如图 4-3（c）所示。

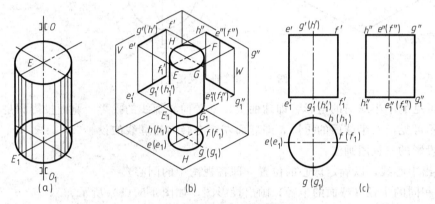

图 4-3　圆柱的三视图作图

4.2.2　圆锥

圆锥是由圆锥面和圆底面所围成的曲面立体。圆锥面是由母线绕着与母线相交并成一定角度的轴线回转而成。如图 4-4（a）所示，RE 为母线，RE 在圆锥面的任意位置即为它的素线。

圆锥投影的三视图画法：

① 画中心线，以确定回转轴的位置。

② 圆锥水平投影为圆平面，画出投影为圆的那个视图，如图 4-4（b）所示。

③ 根据转向轮廓线位置和圆锥的高度画出其余两个视图，如图 4-4（b）所示。

在正投影面上，前、后两半圆锥的投影重合成一三角形，是圆锥面前、后转向轮廓线的投影，即三角形的两腰 $r'e'$、$r'f'$ 分别是圆锥面最左素线 RE 和最右素线 RF 的投影。

在侧投影面上，左、右两半圆锥的投影重合成一三角形，是圆锥面左、右转向轮廓线的投影，即三角形的两腰分别是圆锥最前和最后素线的投影。

④ 分析转向轮廓线并分析曲面的可见性，用粗实线画出可见部位，即为圆锥的三视图，如图 4-4（b）所示。

4.2.3　圆球

球面可以看做一个圆绕过圆心且在同一平面的轴线旋转而成。此圆为母线，母线的任意位置即为素线。圆球的三面投影均为与球直径相等的圆。圆球的正面投影圆是可见的前半球面和不可见的后半球面的投影，即球面前、后转向轮廓线的投影；水平投影圆是可见的上半

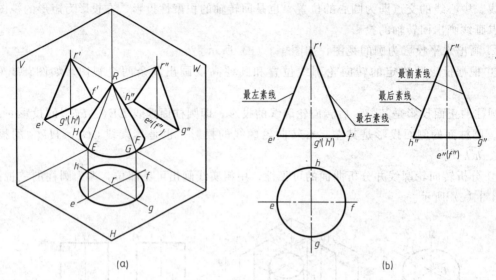

图 4-4 圆锥的三视图作图

球面和不可见的下半球面的重影，即球面上、下转向轮廓线的投影；侧面投影圆是可见的左半球面和不可见的右半球面的重影，即球面左、右转向轮廓线的投影。

圆球投影的三视图画法：

① 画出中心线，以确定球心的位置（即各视图中的圆心）。

② 以相同的半径（球面的半径）画出投影图，如图 4-5（b）所示。

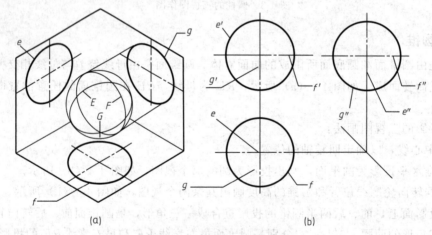

图 4-5 圆球的三视图作图

4.3 立体表面的点

4.3.1 平面立体表面的点

4.3.1.1 棱柱表面上点的投影

求做棱柱表面点的投影时，首先要根据已知点的投影位置和可见性判断该点在棱柱的哪个表面上，然后利用棱柱面的积聚性求点的投影，并判断点的可见性。

【例 4-1】 如图 4-6（a）所示，已知正六棱柱表面上的 E 点的正面投影 e'，F 点的水平投影 f，分别求出两点的另外两面的投影。

解： 作图步骤如下。

① 由于正面投影 e' 可见（不可见以小括号表示），因此点 E 在右前棱面上。该棱面的水平投影积聚为一直线段，点 E 的水平投影一定在此线段上，根据点的投影规律可作出点 E 的水平投影 e，积聚性投影不用判断可见性。

② 已知点 E 的水平投影 e 和正面投影 e' 后，即可根据点的投影规律作出点 E 的侧面投影 e''。由于右前棱面的侧面投影不可见，因此 e'' 也不可见。

③ 由于点 F 的水平投影在正六边形范围内且不可见，因此点 F 在棱柱下底面上，由于下底面的正面投影和侧面投影都积聚成一直线，因此 f' 和 f'' 一定位于该直线上。根据点的投影规律可求得 f' 和 f''，如图 4-6（b）所示。

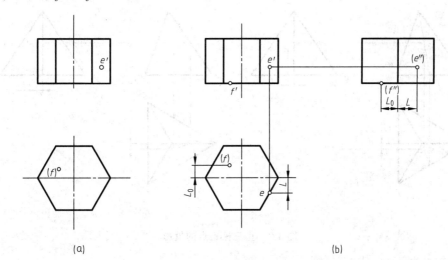

图 4-6 棱柱表面上点的投影

4.3.1.2 棱锥表面上点的投影

当平面立体的表面倾斜于投影面时，其投影不具有积聚性，需要利用辅助线法在其表面上取点。有两种作辅助线的方法：①过立体表面的两个点作辅助线；②过立体表面内一点作该表面内一条已知直线的平行线。

【例 4-2】 如图 4-7（a）所示，已知正三棱锥的正面投影和水平投影，及其点 D 和点 H 的正面投影，求正三棱锥的侧面投影及点 D 和点 H 的水平投影和侧面投影。

解： 作图步骤如下。

① 先画出底面 $\triangle EFG$ 的侧面投影 $e''f''g''$，然后作出锥顶 R 的侧面投影 r''，将 r'' 与 e''、f''、g'' 分别连线，即为正三棱锥的侧面投影，如图 4-7（b）所示。

② 由点 D 的正面投影 d'，在棱线 RE 的水平投影和侧面投影上求出点 D 的水平投影 d 和侧面投影 d''，如图 4-7（b）所示。

③ 在棱面 REF 上取点 H 的两种作图方法如图 4-7（c）、（d）所示。

4.3.2 曲面立体表面的点

4.3.2.1 圆柱表面点的投影

在求圆柱表面点的投影时，首先判断所取点的位置，再利用圆柱表面投影为圆的积聚性

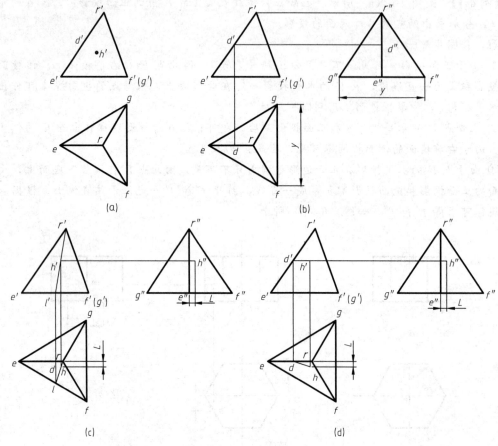

图 4-7 正三棱锥点的投影

或作辅助线方法取得。

【例 4-3】 如图 4-8（a）所示，圆柱表面上有三个点 N、M、L，已知其正面投影 n'、m' 和（l'），求它们的水平投影和侧面投影。

解：由图 4-8（a）可知，点 N 在最左素线 AB 上；点 M 的正面投影可见，则判断点 M 在左、前圆柱面的素线 CD 上；点 L 的正面投影不可见，则判断点 L 位于右半圆柱的后部分，如图 4-8（b）所示。具体作图步骤如下。

① 点 N 的水平投影 n 与最左素线 AB 的水平投影 $a(b)$ 重合，点 N 的侧面投影 n'' 在最左素线 AB 的侧面投影 $a''b''$（即轴线）上。由于点 N 在左圆柱面上，所以 n'' 为可见，如图 4-8（c）所示。

② 作出素线 CD 的三面投影，根据直线上取点的方法求得 m 和 m''，并可判定半圆柱面上 M 点的侧面投影 m'' 为可见，如图 4-8（c）所示。

③ 同理，可由（l'）求得 l 和 l''。由于点 l 在右半圆柱面上，所以侧面投影 l'' 为不可见，以（l''）表示，如图 4-8（c）所示。

4.3.2.2 圆锥表面点的投影

圆锥表面上点的投影作图可利用辅助线法，即过圆锥面上的点作一辅助线，点的投影必在辅助线的同面投影上。根据在圆锥面上所作的辅助线，有辅助素线法和辅助圆（纬圆）法。

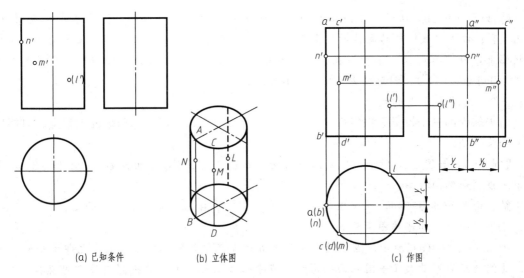

(a) 已知条件　　(b) 立体图　　(c) 作图

图 4-8　圆柱表面上点的投影

【例 4-4】　如图 4-9 所示，已知正圆锥表面上的三个点 N、M、L 的正面投影 n'、m' 和 (l')，求作水平投影和侧面投影。

解：由所求点的已知投影可以判断，点 N 在最右素线上；点 M 在左半圆锥面的前半部分；点 L 在右半圆锥面的后半部分。具体作图如下。

① 点 N 的投影 n 和 (n'') 可在最右素线的同面投影中直接求出，如图 4-9（a）所示。

② 如图 4-9（a）所示，过 M 点作辅助线 R1，即在正面投影上过 m' 作 $r'1'$，由 $1'$ 作投影连线，求出其水平投影 1，得到 R1 的水平投影 $r1$。根据直线上点的投影性质求得 m，并由 m' 和 m 求出 m''。因点 M 在左半圆锥面上，所以 m'' 可见（辅助素线法）。

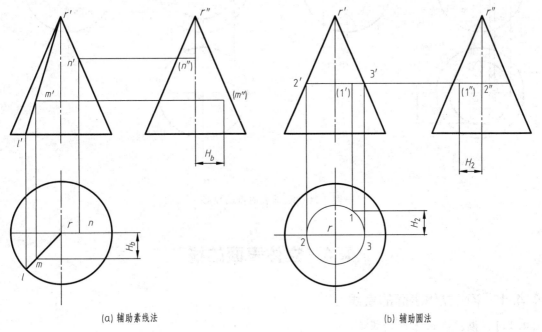

(a) 辅助素线法　　(b) 辅助圆法

图 4-9　圆锥面上求点的投影

③ 如图 4-9 (b) 所示，在圆锥表面上，过点 L 作圆（过 L 的纬圆）。在正面投影中，过点 ($1'$) 作水平线，与转向轮廓线交于点 $2'$、$3'$，则 $2'3'$ 为辅助水平圆的正面投影。在水平投影上，以 r 为圆心，$r2$ 为半径画圆，此圆为辅助圆的水平投影，由 ($1'$) 求得水平投影 1，同时求得 ($1''$)。侧面投影 ($1''$) 为不可见。

4.3.2.3 圆球表面点的投影

由于球面的三个投影无积聚性，且球面上不存在直线，所以在圆球表面上取点，只能用辅助圆法画图。

【例 4-5】 如图 4-10 所示，已知圆球表面上三点 1、2、3 的正面投影 $1'$、$2'$ 和 ($3'$)，求其水平投影和侧面投影。

解：由已知投影可知，点 1 在最大正平圆上；点 2 在前、左、上半球面上；点 3 在后、右、下半球面上。具体作图步骤如下。

① 如图 4-10 (a) 所示，点 1 的水平投影在最大正平圆的水平投影上，也即水平中心线上，其侧面投影在最大正平圆侧面投影的垂直中心线上，利用点的投影规律即可直接求得 1 和 $1''$。

② 如图 4-10 (a) 所示，过点 2 在球面上作水平圆，其正面投影为水平线 $a'b'$，水平投影为以 ab 为直径的圆，2 必在此圆上，再由 $2'$、2 求得 $2''$。2 和 $2''$ 均为可见。

③ 如图 4-10 (b) 所示，过点 ($3'$) 在球面上作位于后半球面上的正平圆，其正面投影为以最大投影圆的圆心为圆心，以 O' ($3'$) 为半径的圆，水平投影为线段 cd，点 3 的水平投影必在线段 cd 上，再根据投影规律求其侧面投影。(3) 和 ($3''$) 均不可见。

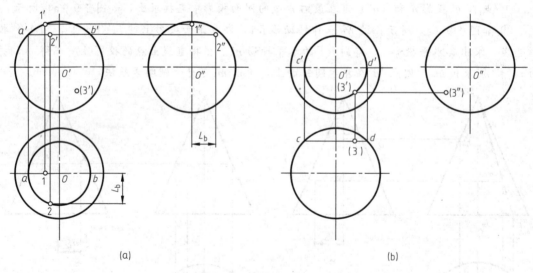

(a)　　　　　　　　　　　　　　(b)

图 4-10　圆球表面点的投影

4.4　立体表面的线

4.4.1　平面立体表面的直线

4.4.1.1　棱柱表面上线的投影

求作棱柱表面上线的投影时，应先确定该线段在棱柱的哪个表面上，然后求出该线段两端点的投影，连接两端点即为线段的投影。

【例 4-6】 如图 4-11（a）所示，已知正六棱柱主、左视图及线段 abcd 的正面投影，补全正六棱柱的俯视图，并补全线段 abcd 的水平投影和侧面投影。

解：可利用积聚性求出线段 abcd 的侧面投影，再由正面投影和侧面投影根据"长对正、高平齐、宽相等"规律（立体图形的主视图的长和俯视图的长对正，主视图的高与左视图的高平齐，俯视图的宽与左视图的宽相等）求出水平投影。具体作图步骤如下。

① 由正面投影和侧面投影根据"长对正、宽相等"求出正六棱柱的水平投影，如图 4-11（b）所示。

② 由于线段 abcd 的正面投影可见，因此线段 abc 和 cd 分别位于六棱柱上前方和下前方的两个棱面上。这两个棱面均为侧垂面，侧面投影积聚为一直线段，利用积聚性求出线段 abcd 端点的侧面投影，即可求出全线段 abcd 的侧面投影，如图 4-11（b）所示。

③ 由正面投影和侧面投影，求出线段 abcd 的水平投影，如图 4-11（b）所示。

④ 判断可见性。

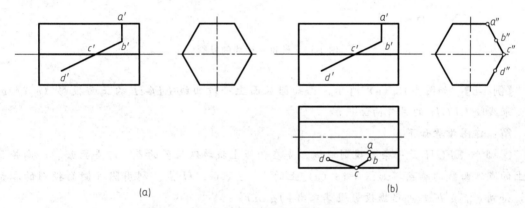

(a)　　　　　　　　　　　(b)

图 4-11 棱柱表面上线的投影

4.4.1.2 棱锥表面线的投影

棱锥表面上求线，首先根据棱锥表面线段的投影位置和可见性判断该线段究竟在哪个表面上，然后根据"长对正，高平齐，宽相等"的投影规律求出线段各个投影，并判断可见性。

【例 4-7】 如图 4-12（a）所示，已知正三棱锥的主视图和俯视图及线段 a、b、c 的正面投影，补全正三棱锥的左视图，并补全线段 a、b、c 的水平投影和侧面投影。

解：作图步骤如下。

① 由正面投影和水平投影根据"高平齐、宽相等"求出正三棱锥的左视图。

② 点 a、b 都在棱线上，可根据积聚性直接求得 a、b 的两面投影。

③ 通过作辅助线的方法，作出点 c 的两面投影。

④ 通过连接点作出线段 abc 的两面投影，并判断可见性，如图 4-12（b）所示。

4.4.2 曲面立体表面的直线

4.4.2.1 圆柱表面上线的投影

在圆柱表面上取线，可先取属于线上的特殊位置点，再取属于线上的一些一般位置点，判断可见性后，再依次连成所要取的线。

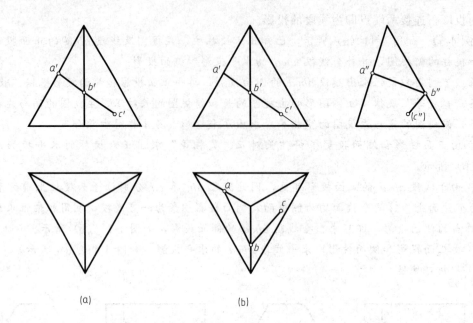

图 4-12　棱锥表面线的投影

【例 4-8】　如图 4-13（a）所示，已知圆柱面上一段曲线 $EFGH$ 的正面投影 $(e')f'g'$ h'，求线段 $EFGH$ 的另外两面投影。

解：作图步骤如下。

① 曲线 $EFGH$ 是一条不规则曲线。先在曲线上找特殊位置的点，即点画线、转向轮廓线上的点，曲线的端点，如图 4-13（a）上的 E、F、G、H 点。利用圆柱侧面投影的积聚性，得到 $e''f''g''h''$，再根据投影规律求出 $efg(h)$。

② 在曲线上适当寻找一般位置的点 1、2、3，根据圆柱侧面投影的积聚性和投影规律，得到 1、2、3 三点的三面投影。

③ 判断直线的可见性，并光滑连接起来。

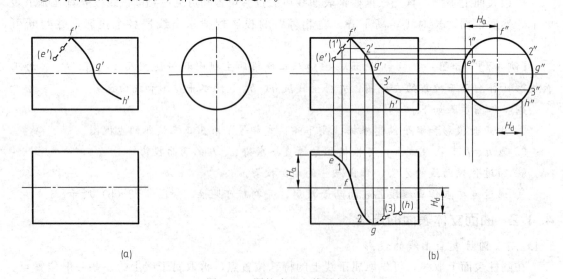

图 4-13　圆柱表面上线的投影

4.4.2.2　圆锥表面上线的投影

圆锥表面取线，同圆柱表面取线一样，先取属于线上的特殊点，再取属于线上的一些一般点，判别可见性后，顺次连接所要取的线。

【例 4-9】　如图 4-14 所示，已知圆锥表面素线上的直线 EF 的正面投影 $e'f'$ 和圆锥表面垂直于轴线（圆锥轴线垂直于水平面）的一段回转弧 GH 的正面投影 $g'h'$（正面投影积聚成直线），试求其另两个投影。作图步骤如下。

① 作 ef、$e''f''$。直线 EF 在圆锥表面素线上，过直线 EF 作锥面上的素线 OM，交圆底面于 M。即过 $e'f'$ 作 $o'm'$，求出 OM 的水平投影 om 和侧面投影 $o''m''$。则直线 EF 的水平投影和侧面投影必在 OM 的同面投影上，从而求出 ef 和 $e''f''$，因直线 EF 在左半个圆锥面上，所以 $e''f''$ 也可见。

② 求圆锥表面上回转圆弧 GH 的水平投影和侧面投影。由于圆锥表面垂直于轴线（轴线垂直水平面）的回转圆弧 GH 必平行于水平面，故在水平投影面上反映实形。过 $g'h'$ 作 $g'n'$（回转圆直径），由 $g'n'$ 作 gn，即可求出 gh。其侧面投影和正面投影同样积聚成直线，由于 GH 在左半个圆锥面上，故 $g''h''$ 可见。

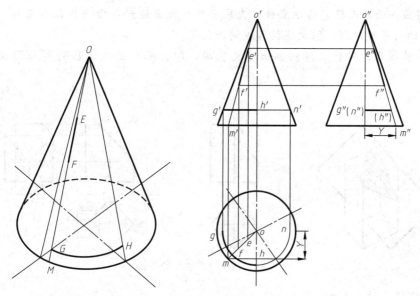

图 4-14　圆锥表面上线的投影

4.5　截　交　线

4.5.1　概念

平面与立体相交，可以认为是立体被平面截切。因此该平面通常称为截平面，截平面与立体表面的交线称为截交线，截交线围成的平面图形称为截断面，如图 4-15 所示。

4.5.2　基本性质

① 截交线是截平面与立体表面的共有线。

② 由于立体表面是封闭的，故截交线一定是封闭的平面图形。

③ 截交线上的点必定是截平面与立体表面的共有点。

4.5.3 平面立体的截交线

平面立体的截交线是一个封闭的平面多边形。多边形顶点是截平面与立体相应棱线的交点，多边形各边是截平面与立体相应棱面的交线。求截交线即求各棱线与截平面的交点，或各棱面与截平面的交线。

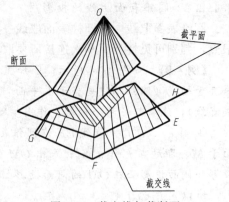

图 4-15　截交线与截断面

4.5.3.1 棱柱上的截交线

【例 4-10】 如图 4-16 所示，已知一正四棱柱被正垂面 G 截切，求作其第三面投影。

解： 截平面 G 与四棱柱的四个侧面及上底共五个面相交，故截交线为平面五边形 12345，其五个顶点分别是五条棱线与截平面的交点。因平面 H 为正垂面，所以截交线的 V 面投影积聚为直线，H 面和 W 面投影为类似的五边形。具体作图步骤如下。

① 画出四棱柱的侧面投影。

② 利用截平面正面投影的积聚性，先求出截交线五边形各顶点的正面投影，再求出五边形各顶点的另两个投影，依次连接各点同面投影。

③ 除去作图线，用粗实线描画出可见轮廓，即为棱柱被截切后的第三面投影，如图 4-16 所示。

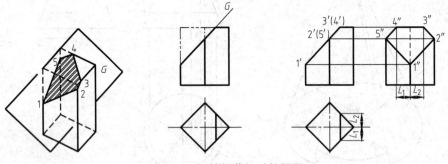

图 4-16　四棱柱截切后的投影

4.5.3.2 棱锥上的截交线

【例 4-11】 如图 4-17 (a) 所示，已知三棱锥被正垂面所截切，求截交线的投影。

解： 由于三棱锥被正垂面 H 截切，其截交线为三角形。截交线的正面投影为直线。只需求出截平面与三棱锥的三条棱线的交点即可求出此三角形的投影。具体作图如下。

① 利用正垂面的积聚性投影 h'，求得 h' 与三棱锥交点 M、N、L 的正面投影 m'、n'、l'，如图 4-17 (b) 所示。

② 利用三个交点的正面投影 m'、n'、l'，即可求出水平投影 m、n、l 及侧面投影 m''、n''、l''。

③ 依次连接各点正面投影 m'、n'、l' 和侧面投影 m''、n''、l''，用粗实线描画出可见轮廓，即可得到截交线的水平投影和侧面投影，如图 4-17 (c) 所示。

4.5.4 曲面立体的截交线

曲面立体的截交线一般是封闭的平面曲线，特殊情况为平面多边形。求曲面立体截交线

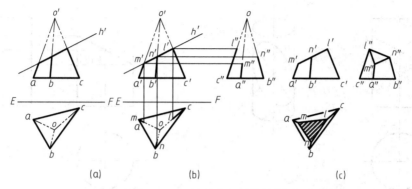

图 4-17　三棱锥截切后的投影

可归结为求曲面立体上一系列素线或纬圆与截平面的交点问题。

4.5.4.1　圆柱上的截交线

平面截切圆柱体时，根据截平面与圆柱轴线的相对位置可分为如图 4-18 所示的三种情况。

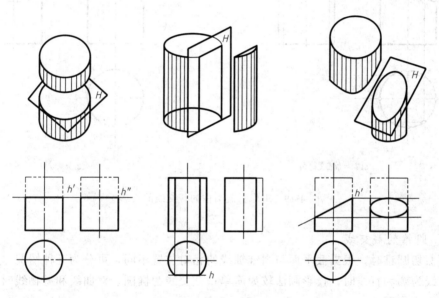

图 4-18　圆柱体的截交线

【例 4-12】　如图 4-19 所示，求正垂面截切圆柱体后截交线的投影。

解：其截交线的侧面投影为椭圆，正面投影为直线，水平投影积聚在圆周上。具体作图步骤如下。

① 作特殊点。取既是转向轮廓上的共有点又是极限位置的点，分别为 E、F、G、H，如图 4-19（a）所示。画出正面投影 e'、f'、g'、(h') 和侧面投影 (e'')、f''、g''、h''，如图 4-19（b）所示。

② 作一般点。在截交线的正面投影上取一对重影点的正面投影如 a'（b'），然后作出点 A、B 的水平投影和侧面投影，如图 4-19（c）所示。

③ 光滑连接各共有点，去除作图线，用粗实线画出可见轮廓，完成作图，如图 4-19（d）所示。

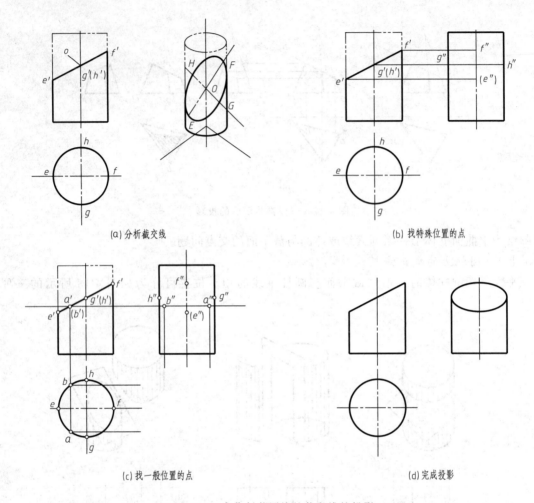

(a) 分析截交线

(b) 找特殊位置的点

(c) 找一般位置的点

(d) 完成投影

图 4-19　求作斜截圆柱的截交线的投影

4.5.4.2　圆锥的截交线

平面截切圆锥时，根据截平面与圆锥轴线的相对位置不同，可分为五种情况（表 4-1）。

截交线为圆和直线时，投影画法较为简单；截交线为椭圆、双曲线和抛物线时，需用取特殊点的方法作图。

【例 4-13】 如图 4-20 所示，求正平面截切圆锥后的截交线的投影。

解： 如图 4-20 所示，截平面与圆锥轴线平行，所以截交线为双曲线和直线段，截交线的正面投影反映实形，水平投影和侧面投影分别积聚成直线段。具体作图步骤如下。

① 求特殊点。双曲线上的 1、2 点是截平面与圆锥底面的交点，3 是截平面与圆锥最前轮廓素线的交点，故可作出 1、2、3 的正面投影 1′、2′、3′。

② 求一般点。在水平投影中作一辅助圆与双曲线的水平投影相交于 4、5，从 4、5 作投影连线到辅助圆的正面投影上得 4′、5′。

③ 依次光滑连接 1′、4′、3′、5′、2′，即得截交线的正面投影。并根据积聚性投影，画出完整截平面的积聚性投影。

表 4-1　圆锥体的截交线

截平面位置	垂直于圆锥轴线	倾斜于圆锥轴线且 $\theta > \alpha$	倾斜于圆锥轴线且 $\theta = \alpha$	倾斜于圆锥轴线且 $\theta < \alpha$	过锥顶
截交线形状	圆	椭圆	抛物线	双曲线	相交两直线
立体图					
投影图					

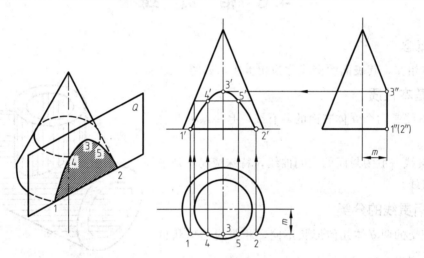

图 4-20　求圆锥截交线的投影

4.5.4.3　球的截交线

任何位置的平面截切球时，其截交线都是圆，而投影随平面的位置不同而不同。当截平面平行于某一投影面时，截交线在该投影面上的投影为圆，在另外两个投影面上的投影积聚为直线段，线段长度等于截交线圆的直径；当截平面垂直于一个投影面时，截交线在该投影面上的投影积聚为直线段，另两个投影为椭圆。

【例 4-14】 如图 4-21（a）所示，求作半球开槽后的三面投影。

解： 半球被两个对称的侧平面和一个水平面截切，两个侧平面与球面的交线各为一段平行于侧面的圆弧，其侧面投影反映圆弧的实形，正面投影和水平投影各积聚为直线段。水平面与球面的交线为两段水平的圆弧，其水平投影反映圆弧的实形，正面投影和侧面投影各积聚为直线段。具体作图步骤如下。

① 先画出完整半球的三面投影。根据槽宽和槽深画出反映通槽特征的正面投影，如图 4-21（b）所示。

② 分别作出截交线在 H、W 面的投影，如图 4-21（c）所示。

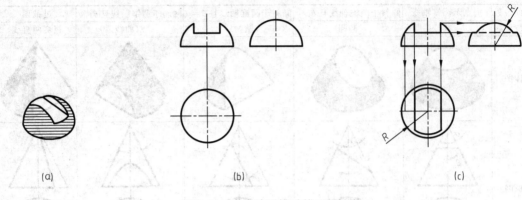

图 4-21　求半球开槽后的三面投影

4.6　相　贯　线

4.6.1　概念

两立体相交，其表面的交线称为相贯线，如图 4-22 所示。

4.6.2　基本性质

① 相贯线是两个立体表面的共有线，是一系列共有点的集合。

② 相贯线一般为封闭的空间曲线，特殊情况下是平面曲线或直线。

4.6.3　相贯线的分类

根据相交的两立体几何形状不同，相贯线的形状也不同，可分为：

① 平面立体与平面立体相交，如图 4-23（a）所示。

② 平面立体与曲面立体相交，如图 4-23（b）所示。

③ 曲面立体与曲面立体相交，如图 4-23（c）所示。

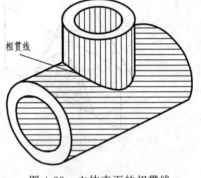

图 4-22　立体表面的相贯线

(a) 平面立体与平面立体相交

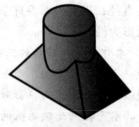

(b) 平面立体与曲面立体相交

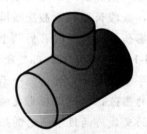

(c) 曲面立体与曲面立体相交

图 4-23　常见立体表面的交线

4.6.4 相贯线的画法

4.6.4.1 表面取点法

当圆柱的轴线垂直于某一投影面，圆柱面在该投影面上的投影具有积聚性时，可运用表面取点法来求解。表面取点法也叫积聚性法。

【例4-15】 如图4-24所示，求作正交两圆柱相贯线的投影。

解： 两圆柱正交，大、小圆柱的轴线分别垂直于侧面投影面和水平投影面，所以相贯线的水平投影和小圆柱的水平投影重合，为一个圆；相贯线的侧面投影与大圆柱的侧面投影重合，为一段圆弧，需求相贯线的正面投影。因相贯线前后对称，所以相贯线前后部分的正面投影重合。运用表面取点法求相贯线，具体作图步骤如下。

① 求特殊点。相贯线上的特殊点位于圆柱的轮廓素线上，故最高点 A、B（也是相贯线的最左点和最右点）的正面投影 a'、b' 可直接定出，最低点 C、D（也是最前点和最后点）的正面投影 c'、(d')，可由侧面投影 c''、d'' 作出。

② 求一般点。在水平投影中确定出 e、f、g、h，并作出其侧面投影 e''、f''、(g'')、(h'')，再按点的投影规律作出正面投影 e'、(f')、g'、(h')。

③ 依次光滑连接各点的投影，即为相贯线的投影，如图4-24（b）所示。

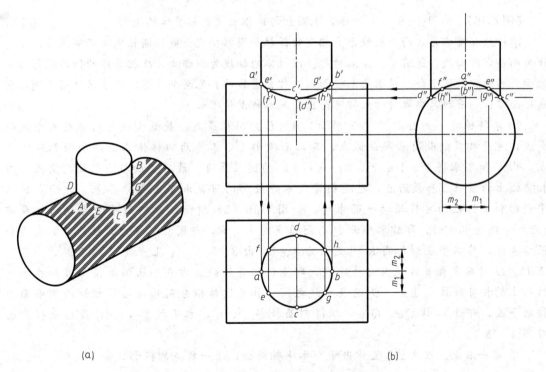

(a)　　　　　　　　　　　　　　　　(b)

图 4-24　求正交两圆柱的相贯线投影

4.6.4.2 辅助平面法

辅助平面法是利用三面共点原理，求两个回转体表面的若干个共有点，从而求出相贯线的方法。用一个辅助平面截切相交的两立体，所得两条截交线的交点，即为两立体表面的共有点，也是截平面上的点，即"三面共点"。

辅助平面的选取应遵循截平面与两立体截切后所产生的交线简单易画的原则，一般使交线的投影为圆或直线。为此，常选投影面的平行面或投影面的垂直面为辅助平面，如图4-25

所示，可以用辅助水平面或正平面同时截切两立体。

用辅助平面法求相贯线上的点，一般按如下步骤进行。

① 根据已知条件分析相贯体的两基本形状的相对位置和它们对投影面的位置，分析相贯线的投影是否有积聚性，以利选择辅助平面。

② 作辅助平面同时与两个立体相交，分别求出辅助平面与相交的两个立体的截交线。

③ 求出两条截交线的交点，如图 4-25 所示的点 A、B、C、D。

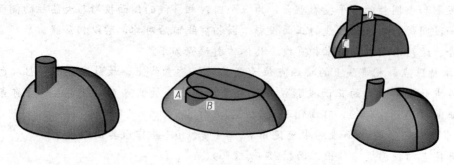

图 4-25　辅助平面法求相贯线

【例 4-16】　如图 4-26（a）所示，求圆柱与圆锥相交的相贯体的投影。

解： 此相贯体是由两个轴线垂直相交的圆柱和圆锥相交而成。圆柱完全贯穿圆锥，相贯线为两条空间曲线，并前后、左右对称。圆柱体的轴线为侧垂线，故相贯线的侧面投影与其侧面投影的积聚圆重合。根据已知投影，求作相贯线的其他两个投影，这里只介绍左侧相贯线，而右侧相贯线只要取对称点即可得出。具体作图步骤如下。

① 求特殊点。如图 4-26（c）所示，A、B 为圆柱最高、最低素线与圆锥最左素线的交点，也是相贯线最高点和最低点，其正面投影 1′、2′ 为两回转体正面转向轮廓线的交点。由 1′ 和 2′ 求得 1″、1 和 2″、2；点 C、C′ 为圆柱最前、最后素线与圆锥面的交点，是相贯线上的最前点和最后点，也是相贯线水平投影的可见和不可见分界点。此两点的水平投影和正面投影可作辅助平面求得，如图 4-26（b）所示，此辅助平面为过圆柱最前（后）素线的水平面，即作水平面 P 与圆锥交线为圆 R，与圆柱交线为圆柱的最前素线和最后素线，其水平投影与圆 R 的交点为 3、7，由 3、7 在 P_V 上求得正面投影 3′（7′）。点 D、D′ 是确定相贯线范围的特殊点，即左侧相贯线的最右点，从侧面投影可知左半个锥面上的相贯线位于过 D、D′ 两条素线之间。利用过锥顶分别作与圆柱相切的侧垂面为辅助平面，即过 s_2 作 Q_W、Q_{1W}，求得侧面投影 4″、8″，水平投影 4、8，最后求得正面投影 4′（8′）。

② 求一般点。在适合位置作若干个水平辅助面，求一般点的投影，如 5′、6′、…、5、6、…。

③ 判别可见性。正面投影点 1′、6′、4′、3′、5′、2′ 等都在圆柱与圆锥前半个表面上，均为可见，故连成粗实线。由于前后对称，后半段相贯线与之重合。水平投影 3、7 左边各点在圆柱下半个表面上，为不可见，连成细虚线。3、4、6、1、10、8、7 为可见，连成粗实线。

④ 整理、加深。正确画出圆柱与圆锥的转向轮廓线，以及圆锥底面轮廓线被圆柱挡住的部分细虚线。

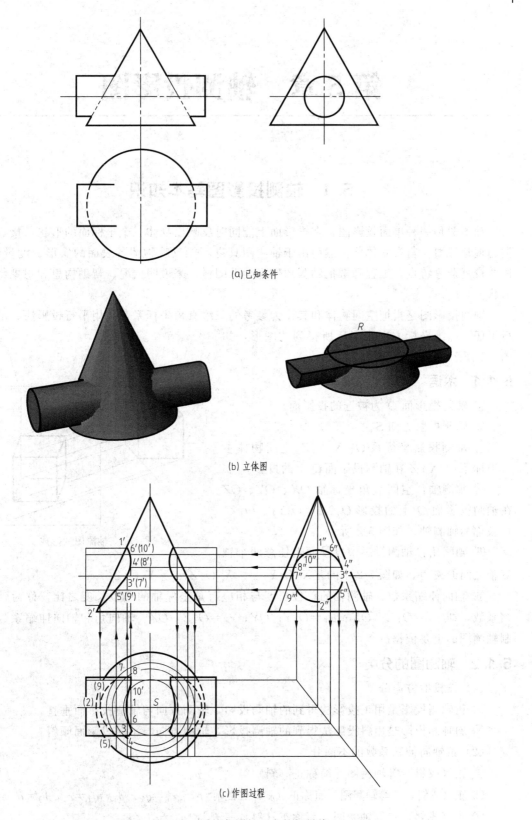

(a) 已知条件

(b) 立体图

(c) 作图过程

图 4-26　圆柱与圆锥正交的相贯线

第5章 轴测投影图

5.1 轴测投影图基本知识

轴测图是一种单面投影图，在投影面上能同时反映出物体三个坐标面的形状，接近于人类的视觉习惯，富有立体感。然而由于轴测图具有不能反映物体各表面的实形、度量性差、作图较复杂等特点，工程师常把轴测图作为辅助图样，来说明情况、帮助构思和想象物体的形状。

轴测投影图是指把空间物体和其作为参考的三维直角坐标系，利用平行投影法，沿不平行于任一三维坐标方向投射后所得到的图形，如图5-1所示。

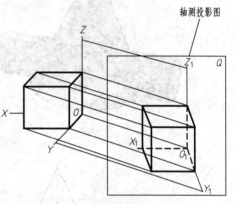

5.1.1 术语

① 轴测投影面 Q 为被选的投影面。

② 轴测投射方向 S。

③ 轴测投影坐标系 $O_1\text{-}X_1Y_1Z_1$ 空间物体参考坐标系 $O\text{-}XYZ$ 在轴测投影面 Q 上的投影。

④ 轴测轴：空间直角坐标轴 OX、OY、OZ 在轴测投影面 Q 上的投影 O_1X_1、O_1Y_1、O_1Z_1 均被称为轴测轴，如图5-2所示。

⑤ 轴间角：轴测投影中投影面上任意两个轴

图 5-1 轴测图的形成

测轴之间的夹角，如图5-2中的 $\angle X_1O_1Y_1$、$\angle X_1O_1Z_1$、$\angle Y_1O_1Z_1$。

⑥ 轴向伸缩系数：轴测轴的单位长度与相应直角坐标轴的单位长度之比，称为轴向伸缩系数，即 $p_1=O_1X_1/OX$；$q_1=O_1Y_1/OY$；$r_1=O_1Z_1/OZ$。轴向角和轴向伸缩系数是绘制轴测图的重要依据。

5.1.2 轴测图的分类

(1) 按投射方向分

① 正轴测投影是用正投影法得到的轴测投影，轴测方向与轴测投影面垂直。

② 斜轴测投影是用斜投影法得到的轴测投影，轴测方向与轴测投影面倾斜。

(2) 按轴向伸缩系数的不同分

① 正（或斜）等轴测图〔简称正（斜）等测〕：$p_1=q_1=r_1$。

② 正（或斜）二等轴测图〔简称正（斜）二测〕：$p_1=r_1\neq q_1$，$p_1=q_1\neq r_1$，$r_1=q_1\neq p_1$。

③ 正（或斜）三等轴测图〔简称正（斜）三测〕：$p_1\neq q_1\neq r_1$。

工程上使用较多的是正等测和斜二测。

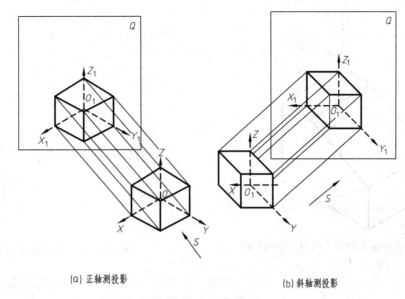

(a) 正轴测投影　　　　　　　　　　(b) 斜轴测投影

图 5-2　轴测投影的形成

5.1.3　三种常用轴测投影图的轴间角和轴向伸缩系数

（1）正等轴测图

① 轴间角如图 5-3 所示，轴间角 $\angle X_1O_1Y_1$、$\angle X_1O_1Z_1$ 和 $\angle Y_1O_1Z_1$ 均为 120°。O_1Z_1 轴一般画成铅垂方向。

② 轴向伸缩系数如图 5-4 所示，各轴向伸缩系数均为 $\cos35°16'\approx0.82$，即 $p_1=q_1=r_1\approx0.82$。为了制图方便，将轴向伸缩系数简化为 1，即 $p_1=q_1=r_1=1$，画出的轴测图为比原投影放大 1.22 倍（1/0.82）的相似图形，如图 5-5 所示。

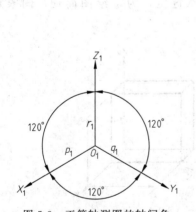

图 5-3　正等轴测图的轴间角

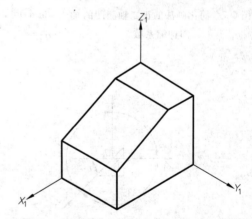

图 5-4　按轴向伸缩系数为 0.82 画的正等轴测图

（2）正二轴测图

① 轴间角如图 5-6 所示，正二轴测图的轴间角为：

$$\angle X_1O_1Y_1=\angle Y_1O_1Z_1=131°25'\approx131°$$

$$\angle X_1O_1Z_1=97°10'\approx97°$$

② 轴向伸缩系数。轴向伸缩系数分别为：$p_1=r_1=0.94$；$q_1=0.47$。

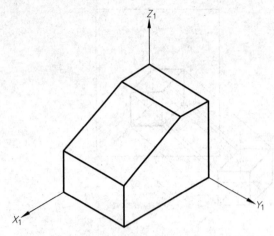

图 5-5 按轴向伸缩系数为 1 画的正等轴测图

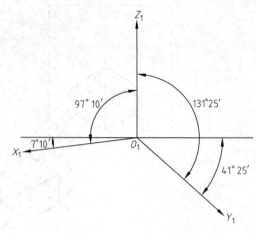

图 5-6 正二轴测图的轴间角

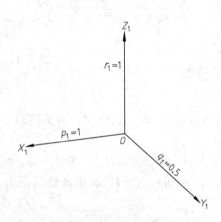

图 5-7 简化画法的正二轴测图的轴
向伸缩系数

简化：$p_1 = r_1 = 1$；$q_1 = 0.5$。简化画法的正二轴测图的轴向伸缩系数如图 5-7 所示。

（3）斜二轴测图

① 轴向角如图 5-8 所示，斜二轴测图的轴间角为：

$$\angle X_1 O_1 Y_1 = \angle Y_1 O_1 Z_1 = 135°$$

$$\angle X_1 O_1 Z_1 = 90°$$

② 轴向伸缩系数。由于 $X_1 O_1 Z_1$ 坐标面与轴测投影图面平行，$O_1 X_1$、$O_1 Z_1$ 轴的轴向系数相等，即 $p_1 = r_1 = 1$。

$O_1 Y_1$ 轴的轴向伸缩系数 q_1 随着投射方向的不同而不同，可以任意选定，为了绘图简便，国家规定 $q_1 = 0.5$。

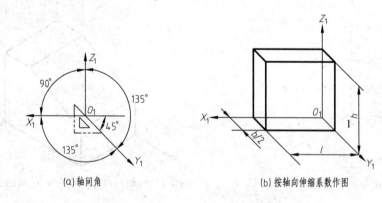

(a) 轴间角   (b) 按轴向伸缩系数作图

图 5-8 斜二轴测图的轴向角和轴向伸缩系数

5.2 正等轴测投影图

本节所有例题均采用简化轴向伸缩系数进行作图。

5.2.1　点的正等轴测图

点是最基本的几何元素，因此先从点介绍正等轴测图。

【例 5-1】 如图 5-9（a）所示，已知点 A 的投影图，作其正等轴测图。

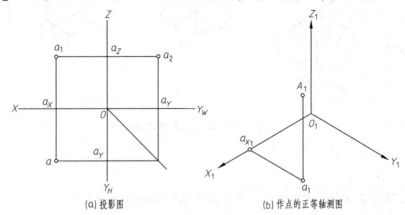

(a) 投影图　　　　　　　　(b) 作点的正等轴测图

图 5-9　点的轴测投影图

解： 作图步骤如下 ［图 5-9（b）］：

① 选定参考坐标系 $O\text{-}XYZ$。

② 画正等轴测图轴测投影坐标系 $O_1\text{-}X_1Y_1Z_1$。

③ 在 O_1X_1 轴上取点 a_{X_1}，选取的点 a_{X_1} 符合 $O_1a_{X_1}=Oa_X$ 的条件。

④ 过 a_{X_1} 作 O_1Y_1 的平行线，并在平行线上取点 a_1，使点 a_1 符合 $a_{X_1}a_1=a_Xa$ 条件。a_1 即为水平投影 a 的轴测投影，称之为水平次投影。

⑤ 过 a_1 作 O_1Z_1 的平行线，并在该平行线上取点 A_1，使点 A_1 符合 $a_1A_1=a_{1X_1}a_1$，A_1 即为点 A 的轴测投影。

若在轴测图上需要确定点 A 的空间位置 A_1，那么必须同时再给定一个次投影，如点 a_1，因为点的一个投影不能确定点的空间位置。

5.2.2　平面立体的正等轴测图

5.2.2.1　坐标法

根据不同物体的特点，建立合适的坐标轴，然后按坐标法画出物体上各顶点的轴测投影，再由点连成物体的轴测图，该方法不仅适用于各种各样的正等轴测图，也适合于正二等轴测图和斜二等轴测图。

【例 5-2】 画如图 5-10 所示的正六棱柱的正等轴测图。

解： 正六棱柱顶面的六条边和底边的六条边对应平行且相等，六条棱线皆为铅垂线。本题选择正六棱柱顶面中心为参考坐标系的原点。具体作图步骤如下。

① 设定以正六棱柱的顶面中心 O 为参考坐标系的原点，并确定坐标系 $O\text{-}XYZ$。

② 画正等轴测图轴测投影坐标系 $O_1\text{-}X_1Y_1Z_1$，如图 5-10（b）所示。

③ 根据各顶点的坐标，通过坐标法画出顶面的正等轴测图 $a_1b_1c_1d_1e_1f_1$，如图 5-10（c）所示。

④ 过顶面 a_1、b_1、c_1、f_1 点作平行于 Z 轴的可见棱线，并量取长度 h，确定底面的顶点，如图 5-10（d）所示。

⑤ 分别连接各点，用粗实线画出物体的可见轮廓，得到六棱柱的轴测投影，如图 5-10

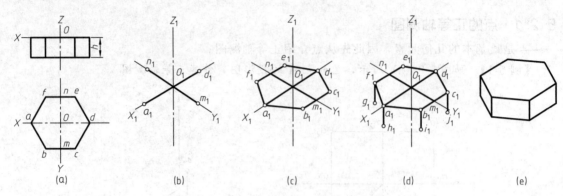

图 5-10 正六棱柱的正等轴测图

（e）所示。

5.2.2.2 切割法

先画出完整的基本图形的轴测图，然后按照结构特点逐步切去多余部分，进而完成立体的轴测图。

【例 5-3】 根据平面立体的三视图，画出它的正等轴测图（图 5-11）。

解： ① 根据尺寸画出完整的长方体（可通过坐标法作基本图形）。

② 用切割法逐步切去左上角的三棱柱、左前方的三棱柱，作图步骤如图 5-11（b）、（c）、（d）、（e）所示。

③ 去除作图线，用粗实线描深可见部位，即可得到正等轴测图，如图 5-11（e）所示。

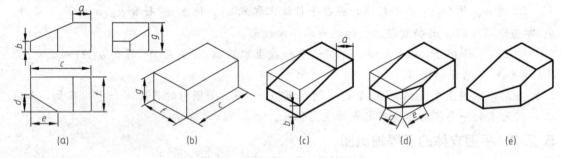

图 5-11 用切割法作正等轴测图

5.2.3 曲面立体的正等轴测图

5.2.3.1 圆的正等轴测图

【例 5-4】 图 5-12 所示为水平面上圆的投影图，画出它的轴测投影图。

解： 圆可以看作为无数点的集合，因此可以在圆上取一些点，画出各点的轴测图，然后依次光滑连接各点，即可得到圆的正等轴测图。具体作图步骤如下。

① 选择圆形 O 为参考坐标系原点，确定坐标系 $O\text{-}XYZ$。

② 画出正等轴测图轴测投影坐标系 $O_1\text{-}X_1Y_1Z_1$。

③ 在圆上选取点，如图中 m、n、o、p、q、r（特殊对称点）和 a、b、c、d（一般对称点）。

④ 通过坐标法作出各点的轴测投影。

⑤ 逐步光滑地连接各点的轴测投影，得到椭圆。

5.2.3.2 圆柱的正等轴测图

【例 5-5】 根据图 5-13 所示的圆柱的视图，作其正等轴测图。

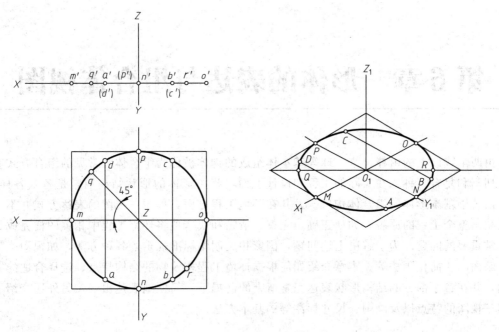

图 5-12　水平面上圆的正等轴测图

解： 圆柱的轴线为铅垂线，上、下底两个圆与水平面平行且大小相等，具体作图步骤如下。

① 选定参考坐标系 $O\text{-}XYZ$，以圆柱底面圆心为 $O\text{-}XYZ$ 的原点。

② 画出正等轴测图轴测投影坐标系 $O_1\text{-}X_1Y_1Z_1$。

③ 画出底面的轴测投影椭圆，并按照圆柱的高度确定出顶面的圆心，画出顶面的轴测投影椭圆，如图 5-13（b）所示。

④ 画出圆柱面的轮廓线，轮廓线平行于轴线，并且轮廓线的起点和终点分别为顶面和底面椭圆长轴的端点。

⑤ 去除作图线，用粗实线描出可见部位，即为圆柱的正等轴测图。

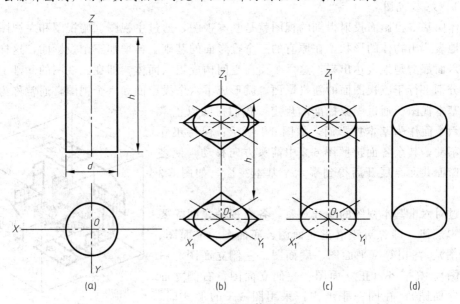

| (a) | (b) | (c) | (d) |

图 5-13　圆柱的正等测画法

第6章　形体的表达与组合体视图

由两个或以上的由柱、锥、球等基本体组成的物体被称为组合体，常见的组合方式有叠加、切割和复合三种。在实际的工程和设计上面，相关形体的形状结构通常是各式各样的，且是由若干基本形体的组合体构成。尤其在环境工程方面，单用三视图的表达方式并不能准确反映出整个工程的原貌，如何正确、完整、清晰和快速地将环境工程中相关图样完成是一个非常重要的问题。为了解决上述问题，国家相关制图标准规定了各种方法，如视图、剖视图、断面图、简化画法等。本章介绍如何根据环境工程构筑物的结构特点，选择合适的方式表达，并在各个部分的结构形状表达完整清晰的前提下，简便地表达出来，另外还介绍了组合体三视图的特点以及画图、尺寸标注等的基本方法。

6.1　形体的表达方法

在绘制工程图样时，我们主要运用到视图、剖视图和断面图等常用的表达方法，本节内容主要介绍以上的这三种方式，为下一步的制图工作等打下基础。

6.1.1　视图

根据有关标准和规定，工程中把形体用正投影所绘制的图形称为视图。为了表达外部结构形状，我们采用了视图以便进行图片观察。视图一般做出了不同物体的可见部分。视图通常有基本视图、向视图、局部视图、斜视图。

6.1.1.1　基本视图

物体向基本投影面投射得到的视图就是基本视图，通过主视图、俯视图和左视图并不能很清晰地表达出物体的形状，在原有的三个投影面的基础上再增加三个投影面，这样就会把物体的六面都清楚地表达出来，这六个面在空间构成正六面体。即在三视图的基础上，再增加三个分别平行于三视图面的新投影面，就形成了六个投影面和六个视图，通常称为基本投影面和基本视图。通过国家标准的规定，我们得知以正六面体的六个面作为基本投影面，如图6-1所示；保持正立投影面不动，其余各面按照图6-2中箭头方向移动，使之与正投影面共面。展开后得到了六个基本视图，如图6-3所示。

通过对六个基本视图的展开观察，各个视图之间需要遵循投影规律，即长对正（正立面图、底面图、平面图、背立面图）、宽相等（平面图、底面图、左侧立面图、右侧立面图）、高平齐（正立面图、左侧立面图、右侧立面图、背立面图）。在同一张纸内，采用图6-3的形式时，各视图可以不用标注名称。若是要标示清楚物体的结构形

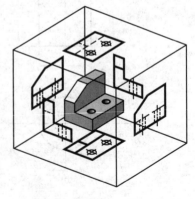

图6-1　六个基本视图的形成

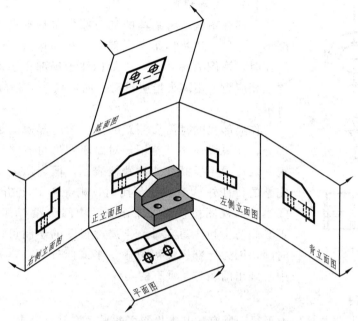

图 6-2　六个基本视图的展开

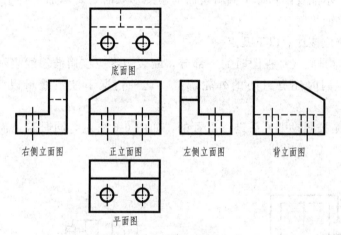

图 6-3　六个基本视图的名称

式，除了主视图是必需的以外，其他试图可以根据情况选择性作出。

6.1.1.2　向视图

通常把可自由配置的视图称为向视图。在实际的作图中，我们不可能将六个基本视图全部作出。所以我们可以通过向视图来完成视图的配置。在向视图的配置中，我们常常在向视图的上方用大写字母标注视图的名称，并且在视图旁边用箭头表明此向视图的投射方向，同时用相同的字母标注在箭头上方，如图 6-4 所示。

我们在向视图的配置过程中也需要注意一些相关的规定。首先，向视图的名称都是大写字母表示，不论是箭头旁的字母还是视图上方的字母，一概水平书写以便于识别。其次，根据向视图的自由配置特性，表示投射方向的箭头应尽可能配置于主视图（正立面图）。若绘制后视图（背立面图），应该把所需要表示的投射方向的箭头配置于左视图（左侧立面图）或右视图（右侧立面图），方便其与基本视图方向一致。

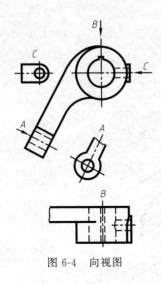

图 6-4　向视图

6.1.1.3　局部视图

　　局部视图就是将物体的某一部分向基本投影面投射所得的图形。它只表达物体某个局部的形状和构造。进行局部视图的画作时，视图名称"×"一般标注于局部视图的上方，同时需要在相应附近用箭头指明投射方向，且注上相应字母，如图6-5所示。

　　作局部视图时需要注意的是：①局部视图是基本视图的一部分，波浪线表明其范围，对封闭图形可省略波浪线。②局部视图的边界用折断线或波浪线表示，但当所表示的局部结构是完整的，且外形轮廓线封闭时，则无需画上折断线或波浪线。③当局部视图按投影关系配置，中间又没有其他图形隔开时，不必画箭头和注写字母。④局部视图的绘制可以节省图幅以及时间，因为局部视图可只画一半或四分之一，另外需要在对称中心画出两条与其垂直的实线。

6.1.1.4　斜视图

　　斜视图指的是将物体向不平行于所有的基本投影面的平面投射所形成的视图。

　　在基本视图上不能反映物体上倾斜表面的实际形状时，要增加平行于倾斜表面的平面，然后将该面进行平面投射。

　　斜视图的绘制应该注意以下几点。

　　① 斜视图通常是画局部视图时的一部分，断裂边界应该用波浪线表示，所表示的倾斜结构若是完整的，同时还有封闭的外轮廓线，这种情况下波浪线可以省略掉，如图 6-6 所示。

　　② 斜视图都是按照投影关系进行配置的，如图 6-6 所示，同时若是需要也可以配置在其他的合适位置。

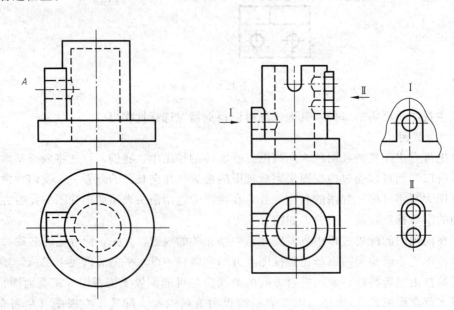

图 6-5　局部视图

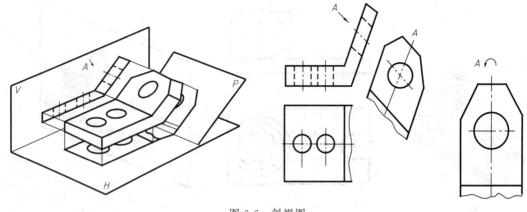

图 6-6　斜视图

③ 在不引发误解的前提下，可以将图形旋转，同时需要标注旋转方向符号，其半径大小与字相同，字母应标注于箭头附近。

6.1.2　剖视图

为了更清晰地表达工程项目内部结构或者是一些被遮掩部分的结构，所作的图形会出现许多虚线，导致图形不清晰以及层次混乱，同时也给读图带来很大困难，可以采用剖视图来解决这些问题。通常通过国家标准规定的"剖视"画法来表达工程项目中需要绘制的内部结构。

6.1.2.1　剖视图的概述

假想用剖切面在形体的适当位置将形体剖开，移去观察者和剖切面之间的部分，将剩余部分向投影面投影，所得的投影图称为剖面图。形体被剖开后，其内部结构就会变成可见的，如图 6-7、图 6-8 所示，将剖切面与物体的接触部分称作剖面区域。在绘制剖视图的时候，需要区别未被切到的部分和被切到的部分，往往是在剖面区画出相应材料的剖面符号。一般金属材料剖面符号是与水平面成 45°的细实线。同一物体各视图中剖面线应画成方向相同、间隔相等的平行线。当画出的剖面线与图形主要的轮廓线平行时，可将剖面线画成与主要轮廓线或剖面区域对称线成 30°或者 60°的平行线。

6.1.2.2　剖视图作法的注意事项

① 剖切平面的选择：剖切面应通过物体的对称面或轴线且平行或垂直于投影面，并尽量通过多个孔槽的中心轴线。作剖视图时，一般应使剖切平面平行于基本投影面，从而使断面的投影反映实形。剖切平面在它所垂直的投影面上的投影积聚成一条直线（图中不画出），这条直线表示剖切位置，称为剖切位置线，简称剖切线。在投影图中用断开的两段短粗实线表示，长度为 6～10mm，如图 6-9、图 6-10 所示。

② 剖切是一种假想，一个视图取了剖视，其他视图仍应完整画出。

③ 处于剖切面后方的可见部分的轮廓要全部画出。

④ 在剖视图上已经表达清楚的结构，在其他视图上此部分结构的投影为虚线时，其虚线省略不画。但没有表示清楚的结构，允许画少量虚线。

⑤ 不需在剖面区域中表示材料的类别时，剖面符号可采用通用剖面线表示。通用剖面线为细实线，最好与主要轮廓或剖面区域的对称线成 45°角；同一物体的各个剖面区域，其剖面线画法应一致。

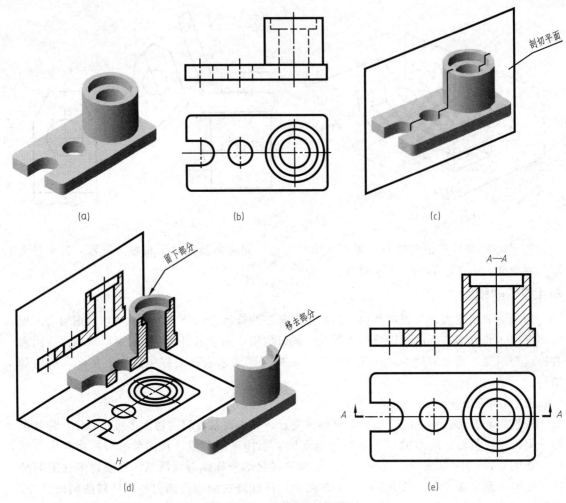

(a)　　　　　(b)　　　　　(c)

(d)　　　　　(e)

图 6-7　实体图与剖面图

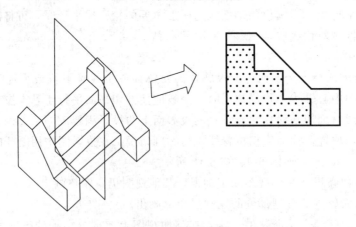

图 6-8　剖面示意图

⑥ 关于剖视图的编号。对结构复杂的形体，可能要剖切几次，为了区分清楚，对每一次剖切要进行编号，规定用阿拉伯数字编号，书写在表示投影方向的短画线一侧，并在对应的剖视图下方注写"×—×剖视图"字样。

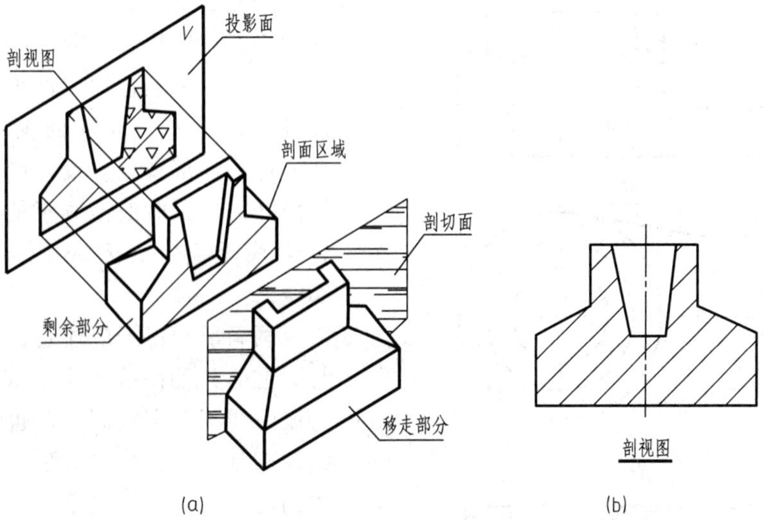

图 6-9　剖视图绘制的剖切情况

（a）剖切部分；（b）剖视图

6.1.2.3　剖视图的分类

剖视图可以分为全剖视图、半剖视图、局部剖视图、旋转剖视图和阶梯剖视图这五类。

（1）全剖视图　假想用一个剖切平面将形体完全剖开，然后画出它的剖视图，这种剖视图称为全剖视图，如图 6-11 所示。全剖视图适用于不对称形体或对称形体，但外部结构比较简单，而内部结构比较复杂。全剖视图一般都要标注剖切平面的位置。全剖视图一般应进行标注，但当剖切平面通过形体的对称线且又平行于某一基本投影面时，可不标注。

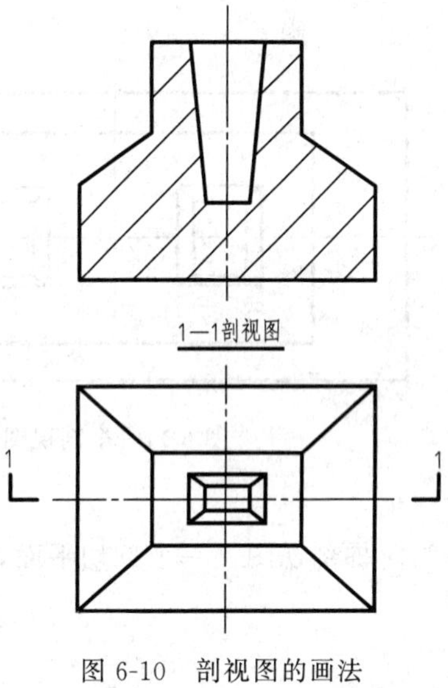

图 6-10　剖视图的画法

（2）半剖视图　当形体的内、外部形状均较复杂，且在某个方向上的投影为对称图形时，可以在该方向的投影图上一半画未剖切的外部形状，另一半画剖切后的内部形状，这种剖视图称为半剖视图。如图 6-12 所示，可画出半个正面投影和半个侧面投影以表示基础的外形和相贯线，另外各配上半个相应的剖视图表示基础的内部构造。半剖视图一般应用于形体被剖切后内外结构图形均具有对称性，而且在中心线上没有轮廓线的情况。半剖视图的标注方法与全剖视图相同。

作半剖视图时应注意：剖视图与视图分界处为细点画线，一定不要画为粗实线；另外内部形状表达清楚的不需要再用虚线作出；投射方向一致的几个对称图形各取一半合成一个图形。

（3）局部剖视图　当形体只有某一个局部需要剖开表达时，就在投影图上将这一局部结构画成剖视图，这种局部剖切后得到的剖视图，称为局部剖视图，如图 6-13 所示。局部剖视图不用标注剖切线与观察方向，但是，局部剖视图与外形之间要用波浪线分开，波浪线不得与轮廓线重合，也不得超出轮廓线之外。

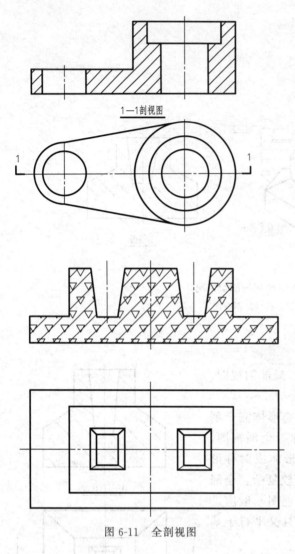

1—1剖视图

图 6-11 全剖视图

图 6-14 表示分层局部剖视图，反映某地面各层所用的材料和构造。分层局部剖视图多用来表达房屋的楼面、墙面和屋面等处的构造。局部剖视图一般不需标注，但局部剖视图与投影图之间要用波浪线隔开。作图时波浪线不能与投影图中的轮廓线重合，并且不能超出图形的轮廓线。

画局部剖视图应注意：①波浪线不能与图上的其他图线重合，如图 6-15 所示。②波浪线不能穿空而过，也不能超出视图的轮廓线，如图 6-16 所示。③当对称物体的轮廓线与中心线重合时，不宜采用半剖视图，如图 6-17 所示。

（4）旋转剖视图　有的形体不能用一个或几个相互平行的平面进行剖切，而需要用两个相交的剖切平面进行剖切。剖开后，将倾斜于基本投影面的剖切平面绕其交线旋转到与基本投影面平行的位置后，再向基本投影面投影，这样得到的剖视图，称为旋转剖视图，如图 6-18 所示。

作旋转剖视图时应注意：①两剖切面的交线一般应与物体的回转轴线重合。②在剖切面后的其他结构仍按原来位置投射。

（5）阶梯剖视图　用相互平行的两个剖切平面剖切一个形体所得到的剖视图，称为阶梯剖视图。一个剖切平面，若不能将形体上需要表达的内部构造一起剖开时，可将剖

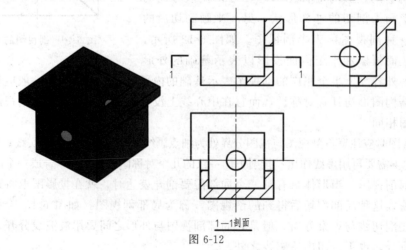

1—1剖面

图 6-12

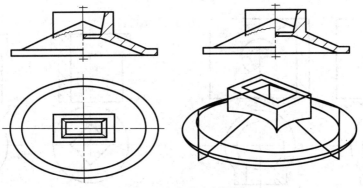

图 6-12　水盘的半剖视图

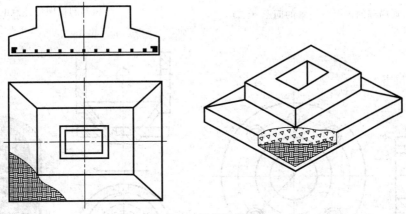

图 6-13　局部剖视图

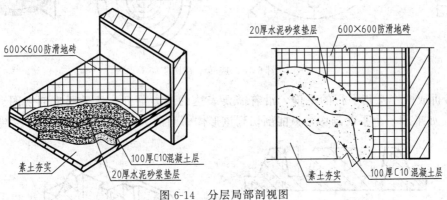

图 6-14　分层局部剖视图

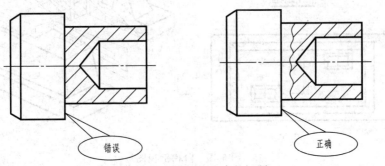

图 6-15　画局部剖视图应注意的问题（一）

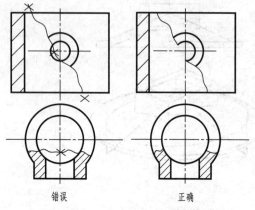

图 6-16 画局部剖视图应注意的问题（二）

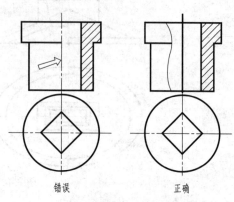

图 6-17 画局部剖视图应注意的问题（三）

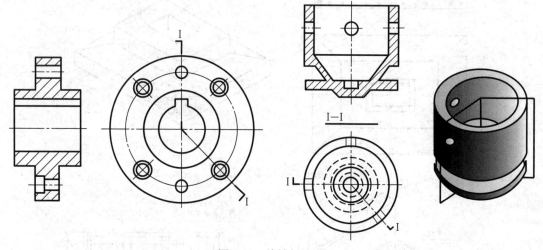

图 6-18 旋转剖视图

切平面转折成两个互相平行的平面，沿着需要表达的地方剖开，然后画出剖视图。如图 6-19 所示，如果用一个平面剖切，只能剖切到该形体中间的大孔和右端的小孔，左端的两个

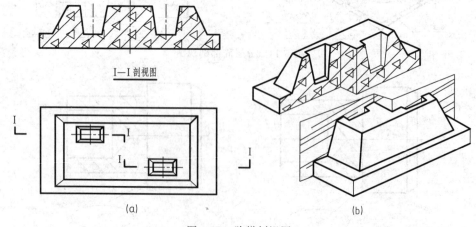

图 6-19 阶梯剖视图

孔均剖切不到。为此,将剖切平面转折成两个或两个以上互相平行的剖切平面,这样更能清楚地表达形体的内部结构。图 6-19(a)所示Ⅰ—Ⅰ剖视图为阶梯剖视图。其剖切情况如图 6-19(b)所示。

　　绘制阶梯剖视图时应注意:①两剖切平面的转折处不应与图上的轮廓线重合,在剖视图上不应在转折处画线。②在剖视图内不能出现不完整的要素。只有当两个要素有公共对称中心线或轴线时,才可以此为界各画一半。

6.1.2.4　剖切面类型

　　物体结构形状种类不同,可以根据各自结构特点选择不同形式的剖切面,国家规定的剖切面主要有:单一剖切面、几个平行的剖切平面、相交的剖切面和复合的剖切面。

　　(1)单一剖切面　单一剖切面一般包括单一剖切柱面和单一剖切平面,其中主要的是单一剖切平面,如图 6-20 所示。单一剖切面可以平行或垂直于基本投影面,当物体具有倾斜的内部结构,可用垂直基本投影面的单一剖切面将物体剖开,再投射到与剖切面平行的投影面上。

　　(2)几个平行的剖切面　物体上有几个结构时,需要用几个平行的剖切面剖开物体,如图 6-21 所示。用几个平行剖切面绘制剖视图时,应避免以下错误(图 6-22)。

　　① 不应画出剖切平面转折处的界线。

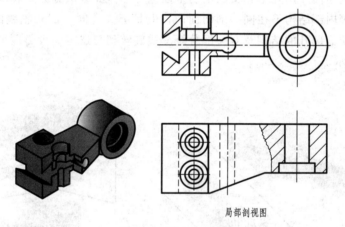

局部剖视图

图 6-20　单一剖切面

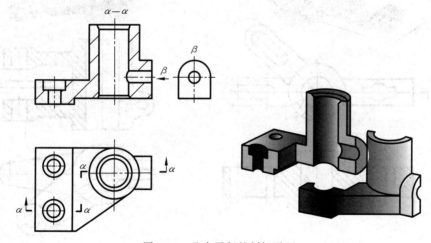

图 6-21　几个平行的剖切平面

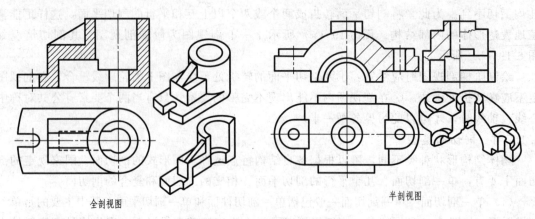

全剖视图　　　　　　　　　　半剖视图

图 6-22　剖切平面注意的问题

② 剖切平面的转折处不应与图中的轮廓线重合。

③ 在图中不应出现不完整要素。

④ 仅当两个要素在图形上具有公共对称中心线或轴线时，才可以出现不完整的要素。

（3）相交的剖切面　用几个相交的剖切平面剖开形体的方法称为旋转剖，这种方法主要用于表达孔、槽等内部结构不在同一剖切面内，但是都具有同一回转轴线的情况。作图时，要将被倾斜的剖切面剖开的结构及有关部分绕交线旋转到与选定的投影面平行后，再投射出来，如图 6-23 所示。

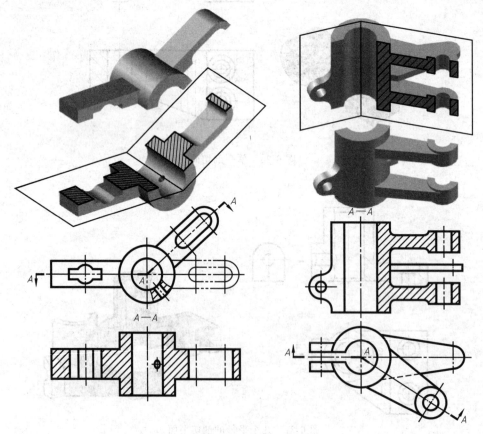

图 6-23　几个相交剖切面

（4）复合的剖切面　当物体上孔、槽等内部结构分布较为复杂的时候，单单依靠相交剖切面或平行剖切面剖切方法是不能完全表达清楚的，因此可以把以上各种方法结合起来进行应用，这种组合的剖切面如图 6-24 所示。

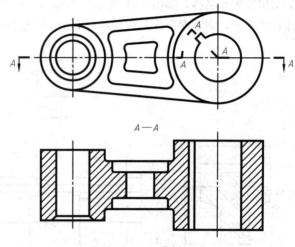

图 6-24　组合剖视图

6.1.2.5　剖视图标注相关注意事项

① 当形体的一个视图画成剖视图后，其他视图仍应完整地画出。若在一个形体上作几次剖切时，每次剖切都应认为是对完整形体进行的。根据物体内部形状、结构表达，把几个视图同时画成剖视图，它们之间相互独立且互不影响。

② 剖切平面一般应通过物体的对称面或通过内部的孔、槽等结构的轴线和对称中心线，以便反映结构实形。要避免产生不完整要素或不反映实形的截断面。

③ 剖视图中已表达清楚的物体内部形状，在其他视图中投影为虚线时一般不必画出；但对于没有表示清楚的内部形状，仍应画出必要的虚线。

④ 基本视图配置的规定同样适用于剖视图，即剖视图既可按投影关系配置在与剖切符号相对应的位置，必要时允许配置在其他适当的位置。

⑤ 各剖视图上在同一形体的各图中的剖面线方向及间距应一致。

6.1.3　断面图

6.1.3.1　断面图的定义

假设用平面将物体剖切开，物体与剖切平面交得的图形称为断面图，如图 6-25 中的 2—2 断面图。断面图与剖视图存在区别但具有联系，断面图是一个截交面的实形，剖视图是剖切后剩余部分形体的投影。它们的联系在于剖视图中包含了断面图。断面图的形成如图 6-26 所示。

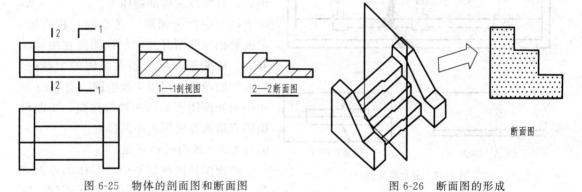

图 6-25　物体的剖面图和断面图　　　　图 6-26　断面图的形成

6.1.3.2　断面图的分类

根据断面图的配置可分为移出断面图、重合断面图和中断断面图几类。

（1）移出断面图　移出断面图画在视图之外，断面图的轮廓线用粗实线绘制，并在断面轮廓内表明材料图例。移出断面图可配置在剖切线的延长线上或其他适当的位置，并表明断面图的剖切位置及名称，如图 6-27 所示。当移出断面图是对称的，它的位置又紧靠原视图且无其他视图隔开，即断面图的对称轴线为剖切平面迹线的延长线时，也可省略剖切符号和编号。

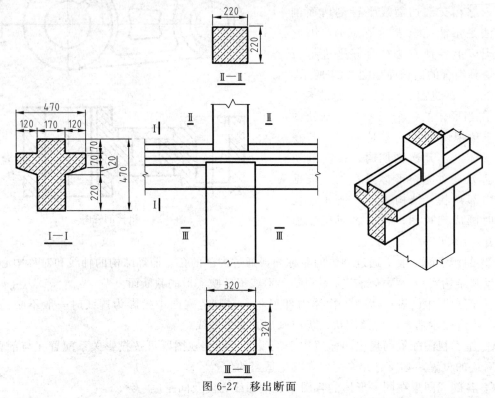

图 6-27　移出断面

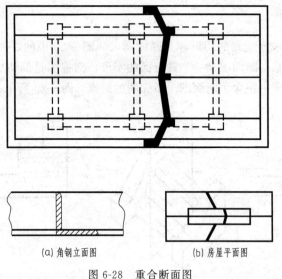

(a) 角钢立面图　　(b) 房屋平面图

图 6-28　重合断面图

（2）重合断面图　重合断面图就是把断面图画在视图剖切面轮廓线以内的断面图（图 6-28）。重合断面的轮廓线需要用细实线表示以便与轮廓线相区别。常常用这种断面表示工程项目的花饰、项目结构的形状、坡度以及局部物体等。

（3）中断断面图　在绘制长构件时，常需要把视图断开并把剖视图画在中间断开处。中断断面图绘制在视图的中断处，断面图的轮廓线用粗实线绘制。图 6-29 是用中断断面图表示的两种结构图，中断断面图直接画在视图内中断位置。

6.1.3.3　断面图的画法

断面图只画剖切平面与形体的截面部分，其标注与剖视图的标注有所不同。断面图也用粗点画线表示剖切位置，但不再画出表示投影方向的粗点画线，而是用表示编号的数字所处的位置来表明投影方向。

制作移出断面图时需要注意：

① 移出断面图的轮廓线用粗实线画出，尽量配置在剖切符号或延长线上。

　　② 如断面图形对称则需画在视图中断处。

　　③ 多个相交的剖切面剖出的移出断面，中间需要用波浪线断开。

　　④ 剖切面通过孔等的轴线时，这些结构需要根据剖视图绘制。

　　⑤ 剖切面通过非圆通孔时，则会形成完全分离的多个断面，这些结构按照剖视图作出。

　　制作重合断面图时需要注意：

　　① 重合断面图轮廓线用细实线表示，若是其中的轮廓线重叠，视图中仍要把它完整地画出来。

　　② 如果重合断面图是一个对称图形，不需要对它标注。

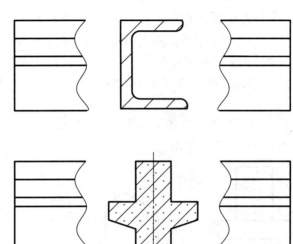

图 6-29　中断断面图

　　③ 若不为对称图形，需要将剖切符号以及箭头标出，可以省略字母。

6.2　组合体视图概述

本节主要讲述组合体的概念以及常见的一些组合方式，让学生对组合体有整体全面的认识，通过本节的学习能够了解组合方式的不同种类，分析三视图的形成以及投影规律等，为更专业地学习绘制环境工程中的图形打下基础。

6.2.1　三视图的形成

　　视图是通过正投影法绘制出的图形。在三投影面体系中，可以得到物体的三面投影，即正面投影、水平投影和侧面投影。在绘制工程图样时，如图 6-30（a）所示，通过在三面投影体系把物体由前向后投影所得的图形称为主视图，它一般表示了物体形体的主要特征；把物体由上向下投影所得的图形叫做俯视图；把物体由左向右投影所得的图形叫做左视图。

　　三视图的位置配置如图 6-30 所示，一般不画出投影轴和投影连线。

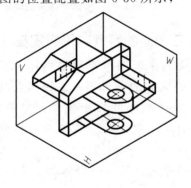

(a) 三视图形成过程

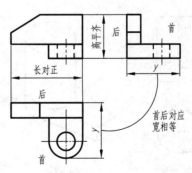

(b) 三视图的投影规律

图 6-30　三视图的图形

几何形体之间的表面连接关系可分为平齐、不平齐、相交、相切，介绍如下。

① 平齐与不平齐。两表面间不平齐的连接处应有线隔开，如图 6-31 所示；两表面间平齐（即共面）的连接处不应有线隔开，如图 6-32 所示。

② 相交。截交处应画出截交线，如图 6-33 所示；相贯处应画出相贯线，如图 6-34 所示。

③ 相切。当组合体中两几何形体的表面相切时，其相切处是圆滑过渡，无明显分界线，故不应画出切线，如图 6-35 所示。

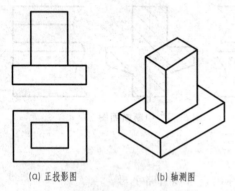

(a) 正投影图　　(b) 轴测图

图 6-31　形体间两表面不平齐的画法

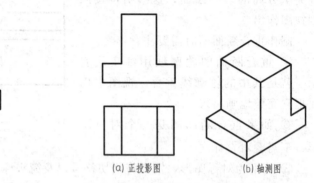

(a) 正投影图　　(b) 轴测图

图 6-32　形体间两表面平齐的画法

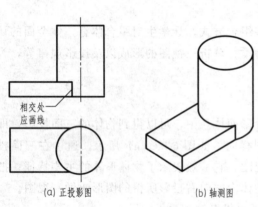

(a) 正投影图　　(b) 轴测图

图 6-33　形体间相交的画法

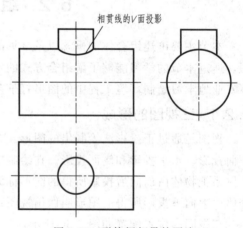

图 6-34　形体间相贯的画法

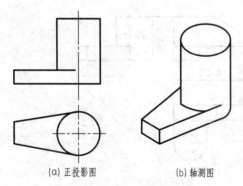

(a) 正投影图　　(b) 轴测图

图 6-35　形体间相切的画法

6.2.2　三视图的特性和投影规律

三视图内主视图可以反映物体的长以及高；俯视图反映物体的长和宽；左视图反映高和宽。由此可得出三视图的投影规律：主视图、俯视图——长对正；主视图、左视图——高平齐；俯视图、左视图——宽相等。

这个规律无论是对组合体的整体还是局部都是适用的。

三视图的特性是画图和读图所必须遵循的最基本的投影规律。要注意物体各部位和三视图的联系。前后方向容易搞错，上下和左右方向则容易掌握。若是量取的宽相等，不要把俯视图的宽度方向尺寸量到左视图的高度方向。

6.3 组合体的形体分析

组合体形体分析法的基本概念：假设把组合体分解成若干个形体，需要搞清楚各个形体的形状、组合形式、相对位置以及连接关系，这就运用到形体分析法。这里仅仅是运用了一种假设的分析问题的方法来把组合体分成若干基本体，实际上的组合体是一个完整的整体形状，其内部结构完全是融为一体的，各个基本体之间是完全不能分裂开的。

6.3.1 组合体的形体分析法

在画组合形体的投影和读组合形体的投影之前，首先要学会形体分析法，将一个复杂形体分解为若干基本几何体；同时必须熟练掌握各种基本形体投影的画法和读法，然后分析该组合形体是由哪些基本形体叠砌或切割而成的，画出组合体的投影图，才能根据尺寸注法的规定和要求标注尺寸。

组合体按其形成方式可分为叠加和切割两类。叠加包括叠合、相切和相交等情况。如图 6-36 所示的轴承盖，将物体分解为若干基本体的叠加与切割，并分析这些基本体的相对位置，便可形成对整个形体形状的完整概念，这种方法称为形体分析法。形体分析法将复杂问题化为简单问题来进行处理，在画图、读图和标注尺寸的过程中，常常要运用形体分析法。

在绘制和阅读组合体的视图时，对比较复杂的组合体通常在运用形体分析法的基础上，对不易表达或读懂的局部，还要结合线、面的投影进行分析，如分析物体的表面形状、物体上面与面的相对位置、物体的表面交线等，来帮助表达或读懂这些局部的形状，这种方法称为线面分析法。

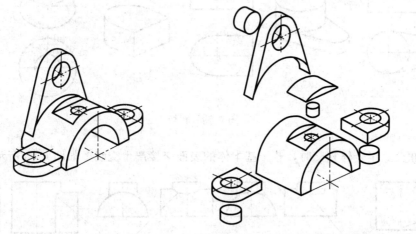

图 6-36 组合体三视图的形体分析

6.3.2 组合体的组合形式

组合体的组合形式可以分为以下几种：叠加、相切、相交、切割和穿孔。基本形体通过不同方式的组合最后成为一个新形体，应该充分了解其表示的画法变化，如图 6-37 所示。

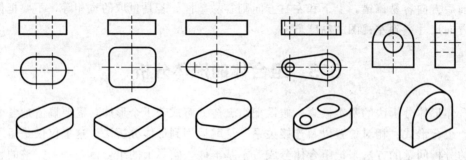

图 6-37 组合体的组合方式

（1）叠合 若干基本体的表面互相重合就是叠合。组合体叠加时，如果两个基本体在叠合处不存在公共的表面时，必须画出分界线，[如图 6-38（a）所示]。

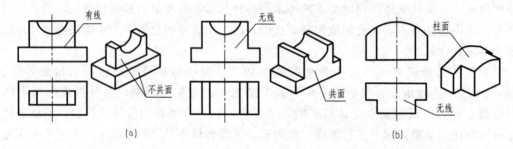

图 6-38 叠合

（2）相切 若干基本体的表面光滑过渡就被称作相切。相切处在视图上不画轮廓线，因为它不存在轮廓线，如图 6-39 所示。

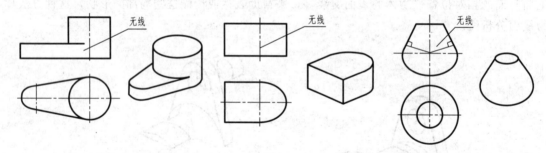

图 6-39 相切

（3）相交 组合体相交时，若干基本体的表面交接产生交线，如图 6-40 所示。

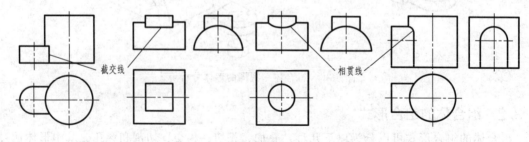

图 6-40 相交

（4）切割与穿孔　当基本形体被切割或穿孔后，其表面也会产生各种形状的截交线或相贯线，如图 6-41 所示。

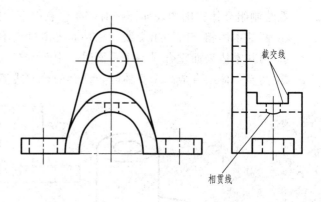

6.3.3　组合体的表面连接方式

组合体相邻表面的相对位置通常情况下有相交、相切（如图 6-42 所示）、平齐以及不平齐。立体表面的连接关系如下。

① 相交：多个基本体叠加组合时，两立体的表面融合，如图 6-43 所示。

② 相切：在两个基本立体的组合过程中，两立体表面光滑过渡，如图 6-44 所示。

③ 平齐：当相邻平行表面平齐时，视图的两表面投影之间不需画线，如图 6-45 所示。

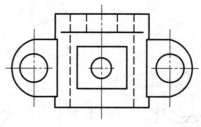

图 6-41　切割和穿孔

④ 不平齐：当相邻平行表面不平齐时，视图的两表面投影之间需要画线，如图 6-45 所示。

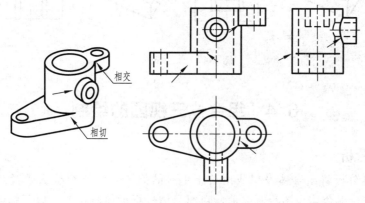

图 6-42　组合体表面连接方式

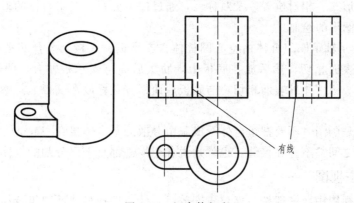

图 6-43　组合体相交

在绘制组合体视图的表面连接时需要注意以下问题：

① 两基本体相交时画出交线，相切时光滑过渡不画线。

② 两基本体表面重合成一个平面时，中间没有分界线。

③ 两基本体组合成一个整体时，结合处轮廓线消失。

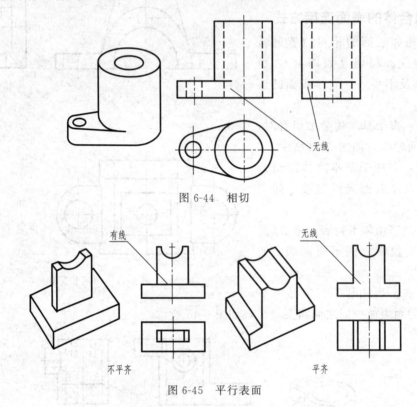

图 6-44 相切

图 6-45 平行表面

6.4 组合体三视图的绘制

6.4.1 形体分析

可通过形体分析将组合体设想成由若干单一的简单几何体经叠加或者是切割等方式组成。在还没有进行组合体视图绘制之前，对组合体进行形体分析就可以了解组合体的各基本体的形状、组合形式、相对位置以及对称性，通过以上分析会对组合体的整体形状有整体的认识，以便后续图形的绘制。

如图 6-46 所示轴承座组合体由空心圆柱体、支承板、底板、叠合肋板组成。肋板上部与空心圆柱体外表面相切，然后放在底板上，肋板后面与支承板贴合，两侧面与圆柱面相交。支承板与空心圆柱体外表面相切，与底板后面平齐且叠放在底板上。整个组合的图形是相互对称的。

需要注意的是画图时不要把组合体看成是由分散的基本体接在一起的。实际情况是组合体的各基本形体之间并不存在接缝，也就是说各个零件都是不可分割的整体。

6.4.2 选择主视图

在组合体的视图中，一般按自然位置安放组合体，选择最能反映组合体的特征形状以及

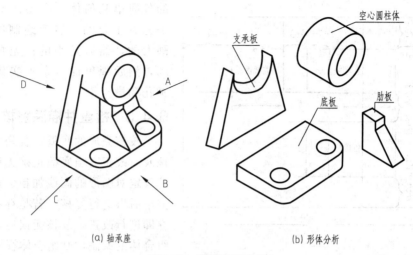

图 6-46　轴承座组合体

各部分相对位置的方向作为正面投影的投影方向。三视图中主视图是最主要的视图，这是由于主视图是反映信息量最多且反映物体主要形状的视图。选择主视图就是确定主视图的投影方向和相对于投影面的放置问题。一般选反映其形状特征最明显、反映形体间相互位置最多的投影方向作为主视图的投影方向；主视图应保证其他视图尽量少出现虚线，以此来确定视图。主视图确定以后，其他的几个视图也就会相应地做出来。

　　如图 6-47 所示，现对 A、B、C、D，各个方向投影所得的视图进行比较。选出最能反映支架各部分形状特征和相对位置的方向作为主视图的投影方向。若以 D 所示方向作为主视图的投影方向，则主视图虚线较多，显然没有 B 所示方向清楚；若以 A 所示方向和 C 所示方向作为主视图，则左视图会出现较多的虚线；若以 B 所示方向作为主视图的投影方向，则更能反映支架各部分的形状特征。因此，选择以 B 所示方向作为主视图的投影方向。

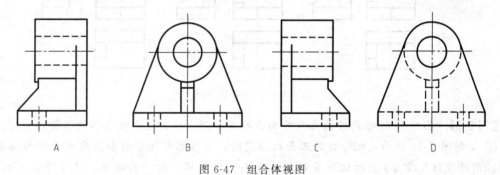

图 6-47　组合体视图

6.4.3　布置图面进行绘图

　　合理地进行图面布置需要做到以下几点：根据组合体复杂性以及大小，选择适当的绘图比例，计算出长、宽及高。根据选定的绘图比例按"长对正、高平齐、宽相等"布置 3 个投影图位置，如图 6-48 所示，还应当在图纸上留出足够的位置以及间隔来绘制三面视图。如需标注尺寸，在各个投影图的周围应留有清晰标注尺寸的足够位置。

6.4.4　绘制底稿

　　根据形体分析结果，按照先前布置好的三面投影图的位置，可以逐个画出形体分析

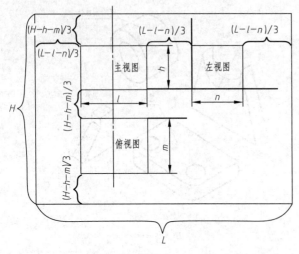

图 6-48　视图合理布置

的各简单几何体。在绘制底稿时一般是先画主要的，然后绘制次要的；先画大的，然后是小的；先画外面的轮廓，然后画里面；先画实体结构，再画孔和槽。

6.4.5　检查并描深复核

校核完成的底稿，若是存在错误应该及时改正。当底稿正确无误后，需要按规定对图形的画线加粗、加深，加深完毕后再进行复核，若是存在差错，应立即进行改正。复核无误后，即完成了组合体的绘制，画组合体视图如图 6-49 所示。

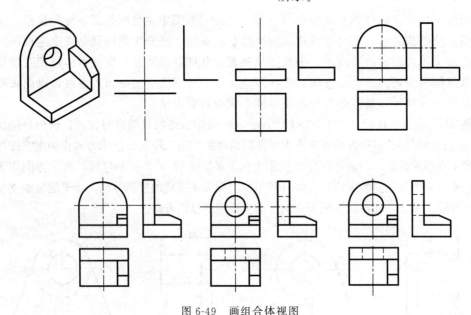

图 6-49　画组合体视图

【例 6-1】　已知图 6-50 是按简化系数画出的正等测，作出这个组合体的三面投影图。

①绘制图 6-50 所示的组合体的三面投影图时，应根据形体分析和选定的正面投影箭头方向，用轻淡细线按 1:1 的比例量取尺寸布图，画底稿。按"长对正、高平齐、宽相等"原则先画下方的第一个长方体的三面投影，如图 6-50（a）所示。

②再根据后上方有一个长方体，和它叠合的相对位置是后表面，画出第二个长方体的三面投影，如图 6-50（b）所示。

③在此图的基础上，画出正中位置的五棱柱的三面投影。

④经校核无误后，按规定加深线型。

在作图过程中应注意，对组合体进行形体分析，是为了正确、快速、全面地了解组合体的形体特征，组合体实际上是一个不可分割的整体，因组合体的形体分析而画的组合体表面上实际上不存在的形体分界线，应该用橡皮擦去，例如在图 6-50（a）、（b）、（c）中 3 个立体表面的形体分界线（用虚线表示）应擦去。

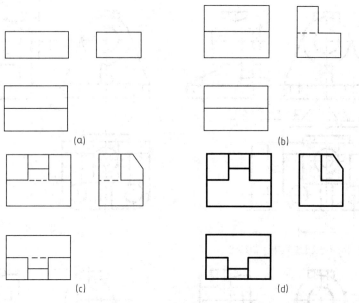

图 6-50　组合体投影图的绘制过程

6.5　组合体的尺寸标注

只能运用三视图来表达物体的形状，若是表达组合体的大小则需要依照视图上标注的尺寸确定。组合体各部分的真实大小及相对位量，通过标注尺寸来确定，组合体的尺寸标注确切表达出了正确以及清晰的组合体的大小情况。尺寸标注需要符合国家制图标准的相关规定，进行尺寸标注时必须要把尺寸注写齐全。另外为了便于观察，需要清晰明确地标注尺寸。

6.5.1　标注尺寸的基本要求

标注尺寸时，首先需要对组合体进行分析。工程项目需要确定图样上所注的尺寸后再施工，这意味着尺寸的标注非常重要，必须非常严格地进行标注，尺寸标注的基本要求如下，参见图 6-51 所示。

① 正确。标注尺寸需要完整无误，因此标注的内容要符合国家标准和规定。

② 完整。所标注的尺寸必须要完整地表现出物体的大小和形状，另外还要对构成要素进行无重复、无遗漏地表达并进行位置定位，为使尺寸完整，要按形体分析法，逐个注全各基本形体的定形尺寸、定位尺寸，最后标注组合体的总体尺寸。

③ 清晰。标注尺寸布置的位置要恰当，要标注在明显的地方，尺寸应尽量注在反映形体特征的视图上，并尽量注在可见轮廓上，直径尺寸应尽量注在投影为非圆的视图上，而半径尺寸必须注在投影为圆弧的视图上，方便读图。

④ 合理。标注尺寸要完全符合设计和施工等工艺要求，小尺寸排在里，大尺寸排在外，尽量避免尺寸线、尺寸界线相交，与两个视图相关的尺寸应尽量注在两个视图之间，可标注在图形外的尺寸，尽可能注在图形之外，并且能在竣工验收、检验等方面符合要求。

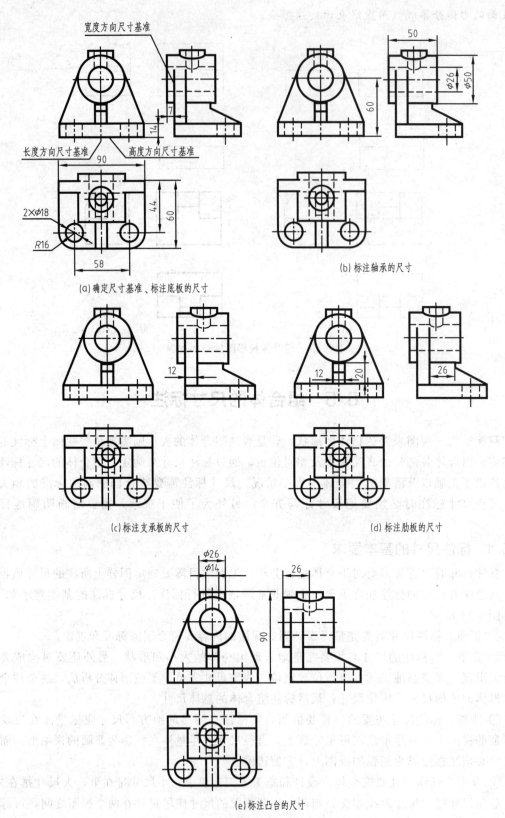

(a) 确定尺寸基准、标注底板的尺寸

(b) 标注轴承的尺寸

(c) 标注支承板的尺寸

(d) 标注肋板的尺寸

(e) 标注凸台的尺寸

图 6-51 组合体的尺寸标注

6.5.2　几何体的尺寸标注

若干基本几何形体的尺寸标注如图 6-52 所示。平面立体标注需要对长、宽、高三个尺寸进行标注。如图 6-52 所示是关于圆柱、圆球、圆环、圆锥、圆台等的尺寸。图 6-53 是基本几何体被平面截断后的尺寸注法，特别注意的是应标注出截平面的定位尺寸。若是存在有几个简单的基本几何体相交，也要分别注出几何体的尺寸以及它们之间的尺寸。

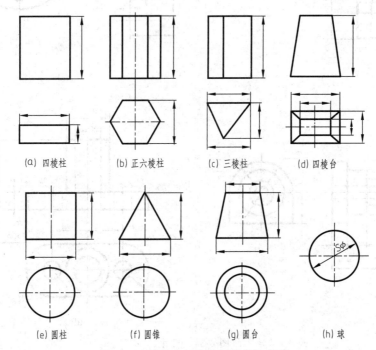

(a) 四棱柱　　(b) 正六棱柱　　(c) 三棱柱　　(d) 四棱台

(e) 圆柱　　(f) 圆锥　　(g) 圆台　　(h) 球

图 6-52　常见几何体的尺寸标注实例

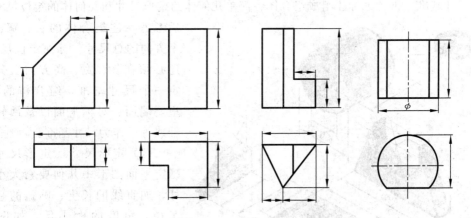

图 6-53　几何体被平面截断后的尺寸标注

6.5.3　组合体的尺寸分析

虽然组合体的形体千差万别，但根据形体分析法可以把它们看成是若干基本体组合在一

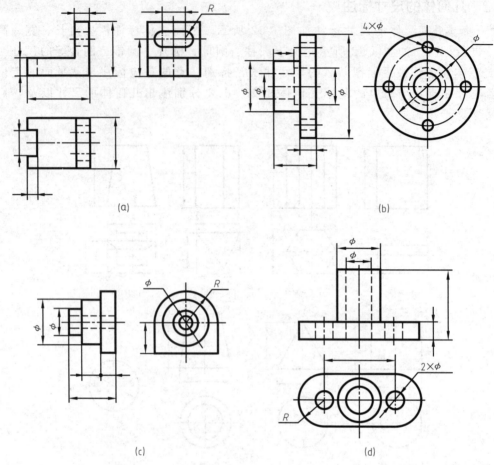

图 6-54 尺寸

起的，因此，可用形体分析法标注出组合体的尺寸。如图 6-54 所示，观察长、宽、高 3 个方向的尺寸基准，再考虑标注组成组合体各简单几何体的定形尺寸和几何体的定位尺寸，最后考虑标注组合体的长、宽、高 3 个方向的总尺寸。标注定位尺寸时，还必须在长、宽、高方向上分别确定一个尺寸基准，组合体的底面、重要端面、对称平面以及回转体的轴线等可作为尺寸基准。

（1）定形尺寸　定形尺寸用于确定平面图形中几何要素大小的尺寸，如直线的长度、圆弧的直径或半径、角度的大小等，如图 6-55 所示。

（2）定位尺寸　定位尺寸用于确定几何元素相对位置的尺寸，如圆心和直线相对于坐标系的位置等。

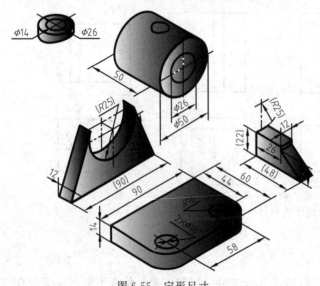

图 6-55 定形尺寸

在标注定位尺寸时，首先要确定标注尺寸的起点。组合体共有长、宽、高三个方向的尺寸基准，图中通过圆柱体轴线的侧平面作为长度方向的基准；通过圆柱体轴线的正平面作为宽度方向的基准；通过底板的底面作为高度方向的尺寸基准。

（3）总体尺寸　总体尺寸就是表示组合体总长、总宽、总高的尺寸。总体尺寸必须观察组合体的定形、定位尺寸是否已标注完整，另外还需要加上总体尺寸，有时会造成尺寸的重复，需要进行调整。调整完成后，组合体的全部尺寸被完全标出（见图 6-56）。

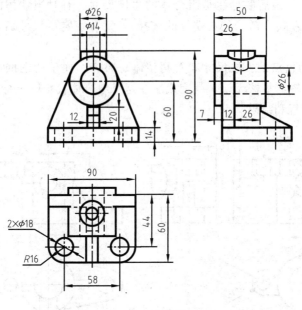

图 6-56　总体尺寸

6.5.4　标注尺寸的方法和步骤

标注组合体尺寸，首先对形体进行分析，其次选择基准，再标注出定形尺寸、定位尺寸和总体尺寸，最后进行核对。图 6-57，介绍了组合体尺寸标注的步骤。

(a) 组合体　　　　　　(b) 定形尺寸分析　　　　　　(c) 定位尺寸分析

图 6-57　尺寸标注分析步骤

① 形体分析。对于组合体来说，首先要分析的是组合体的形体，再考虑组合体各基本形体的定形尺寸，如图 6-57 （b）所示。

② 选定尺寸基准。在视图上进行标注尺寸，首先是根据形体组合来确定尺寸基准，组

合体在长、宽、高三个方向至少都有一个尺寸基准。由图 6-57 进行分析，中间的圆筒是主要结构，该组合体高度方向的尺寸基准为圆筒与底板的公共底面，长度方向的尺寸基准为中间圆筒的轴线。

③ 逐个标注基本体的定位和定形尺寸。图 6-57 (c) 表示了基本形体的五个定位尺寸。应考虑是否有定位尺寸在两形体之间对应。当形体之间为简单的叠加或有公共对称面（如直立空心圆柱与水平空心圆柱在主要方向对称）时，不需再进行定位尺寸的标注。

④ 标注总体尺寸。最后的标注是组合体的总体尺寸。有时当物体的端部为同轴线的圆柱和圆孔（如端部的左端、搭子的右端等的选择），则有了定位尺寸后，一般就不再标注总体尺寸。

⑤ 校核。校核的重点是：按尺寸布置得清晰、整齐，便于读图的要求，逐步标注完上述尺寸后，再进行复核，复核无误，就完成了在这个组合体投影图上标注尺寸的任务。如图 6-58 所示是标注的过程和结果。

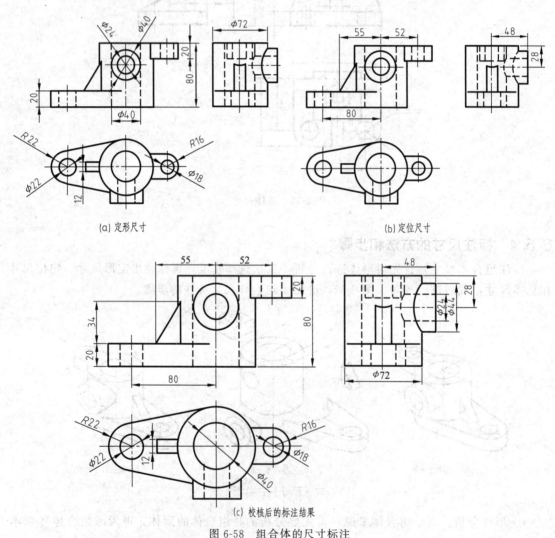

图 6-58　组合体的尺寸标注

第7章 环境工程布置图

7.1 平面布置图和立面图

7.1.1 平面布置图

环境工程建筑物布置方案中常常用一种简明图解形式——平面布置图来表示建筑物、构筑物、设施、设备等的相对平面位置。根据所布置对象的尺度范围，平面布置图可分为厂区总平面布置图、厂房平面布置图、车间平面布置图、设备平面布置图以及地下管网平面布置图等。平面布置图常用的绘制方法是平面模型布置法。下面以污水处理厂平面布置图为例说明。

污水处理厂的基本建筑有生产性处理构筑物、辅助性建筑物、办公性建筑物，如泵站、鼓风机站、药剂间、化验室、修理间、仓库、办公室、值班室等。各建筑物和构筑物的数量和尺寸大小确定以后，即可根据其各自的功能属性及工艺流程要求，结合本厂的地形特征和地质条件进行平面布置。平面布置形式见图7-1。平面布置的一般设计原则要求如下。

一字平面布置

L型平面布置

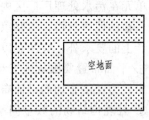
U型平面布置

图 7-1 平面布置形式

① 平面布置设计应合理紧凑，尽量缩短构筑物、建筑物间的连接管渠长度和减少总占地面积，生产关系密切的建（构）筑物应互相靠近，甚至尽可能组合在一起；同时各构筑物的间距，应考虑其中间道路或铺建管线所需宽度及施工要求、施工时地基的相互影响。例如处理污水及污泥的构筑物应布局合理，在设计之初可利用厂区地形，使污水及污泥在各处理构筑物之间重力自流、同类构筑物之间配水均匀、切换简单，以期投资少而运作和管理方便。构筑物之间的间距一般为5~10m。消化池和其他构筑物之间的距离不少于20m，污泥干化及脱水设备应在下风向，干化污泥能从旁门运走。

② 生产附属设备布置合理。泵房、鼓风机房尽量集中，靠近处理构筑物，同时要与办公室保持必要的距离，以防止噪声干扰。变电所应靠近最大功率用电单元（泵房或鼓风机房）。考虑到安全问题，贮气罐一般设在厂区边远偏僻区域，与其他构筑物的距离应符合防爆规程。机修间位于各主要设备（水泵、鼓风机、真空过滤机等）附近。此外，还应合理布置化验室、监控室等场所。

③ 办公建筑物（办公室、传达室）应与处理构筑物保持一定的距离，并位于上风向处。

④ 污水及污泥处理构筑物一般采用明渠输送，管线要短且交叉少，避免迂回曲折。同时还要考虑构筑物的放空及跨越管线等问题，以便检修、清通和应急使用。例如对于工业废水处理站，应设置事故集水池，当某些构筑物检修时，将废水进行收集或利用放空管将污水绕过这一单元直接引到下一个单元处理，待系统恢复正常后进行处理，不得直接外排。

⑤ 处理厂（站）应设有给水设施、排水管线及雨水管线。厂（站）内污水排入总泵站的收集池，雨水管则接于总出水渠。在污水处理厂区内，应考虑设防洪沟渠。

⑥ 处理厂（站）应设有双电源，变电所应有备用设备。一般不允许在厂（站）内架设高压线。

⑦ 厂（站）区内应设有通向各处理构筑物、建筑物及附属建筑物的道路。路面宽度可为 3～4m，转弯半径为 6m，纵向坡度不大于 3%，应有回车的可能。人行道的路面宽度可为 1.5～2m。最好设置运输污泥的旁门或后门。

⑧ 厂（站）区内应绿化和美化。同时要考虑将来的发展潜力，为扩建及扩建施工的方便，留有余地。

⑨ 污水、污泥及沼气应有计量设备，以便积累运行数据。

⑩ 严寒地区应有防冻设施。

处理厂（站）构筑物的面积应根据计算求得，在具体布置时要考虑各组设备之间的有机连接，既要紧凑以便于集中管理，又要保持合理间距，保证配水均匀、运行灵活。附属建筑与生产建筑应统一考虑，有条件时可将某些建筑物适当合并，以节约投资，也便于监管和使用。

单元在污水处理厂厂区内有：各处理单元构筑物；连通各处理单元之间的管、渠及其他管线；辅助性建筑物；道路以及绿地等。进行处理厂厂区平面规划、布置时，除了应满足工艺设计上的要求外，应注意以下几点。

① 平面布置要服从施工和运行的要求。对于大、中型污水处理厂，应作方案比较，以便找出较为经济合理的平面布置方案。

② 处理构筑物的数量同平面布置有着密切关系，在设计各处理构筑物时应先作考虑，且在平面布置时，如发现设计不妥，及时予以调整。

③ 同一类型处理构筑物需设多个平行运行水池时，要保证配水均匀。为此，在平面布置设计时，常常为每组构筑物设置配水井。

④ 处理厂中各种管线（包括废水管、清水管、空气管、煤气管、污泥管、电缆管等）在平面布置时要全面安排，避免相互干扰。管线的布置还要使各个构筑物能独立运行。

污水处理厂平面图如图 7-2 所示。

7.1.2 立面图（高程图）

污水处理厂高程布置一般在平面布置设计完成后进行，以便确定各构筑物之间的管线连接长度和合理处理各构筑物在高程上的相互关系（构筑物尽量利用地形特点接近地面高程布置，以节约基建费用）。与此同时，整个污水处理系统还要进行水头损失计算，以便把握各构筑物的立面定位。最后需要强调立面布置与平面布置应该结合起来，同时考虑。污水处理厂高程图如图 7-3 所示。

污水处理厂（立面）高程布置的核心内容是：确定泵房和各处理构筑物的标高及水面标高，各种连接管渠的尺寸大小及标高，以此来实现水能沿处理流程在处理构筑物之间重力自流，减少泵站提升次数，从而节省运行动力费用的目的。沟渠的水头损失包括沿程损失和局

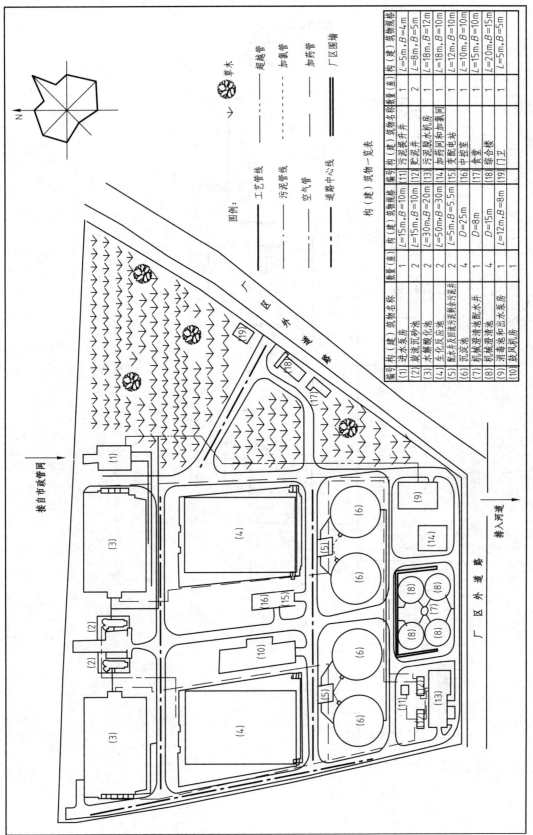

图例：

	工艺管线
	污泥管线
	空气管
	道路中心线
	超越管
	加氯管
	加药管
	厂区围墙

草木

构（建）筑物一览表

编号	构（建）筑物名称	数量（座）	构（建）筑物规格
(1)	进水泵房	1	L=15m,B=10m
(2)	旋流沉砂池	2	L=15m,B=10m
(3)	水解酸化池	2	L=30m,B=20m
(4)	生化反应池	2	L=50m,B=30m
(5)	配水井及圆污泥污泥剩余污泥井	2	L=5m,B=5.5m
(6)	沉淀池	4	D=25m
(7)	机械澄清配水井	1	D=8m
(8)	机械澄清池	4	D=15m
(9)	消毒池和出水泵房	1	L=12m,B=8m
(10)	鼓风机房	1	
(11)	污泥提升井	1	L=5m,B=4m
(12)	贮泥井	2	L=8m,B=5m
(13)	污泥脱水机房	1	L=18m,B=12m
(14)	加药间和加氯间	1	L=18m,B=10m
(15)	加药配电站	1	L=12m,B=10m
(16)	变配电站	1	L=10m,B=10m
(17)	中控室	1	L=15m,B=10m
(18)	食堂	1	L=20m,B=15m
(19)	综合楼	1	L=5m,B=5m
	门卫		

图 7-2 污水处理厂平面图

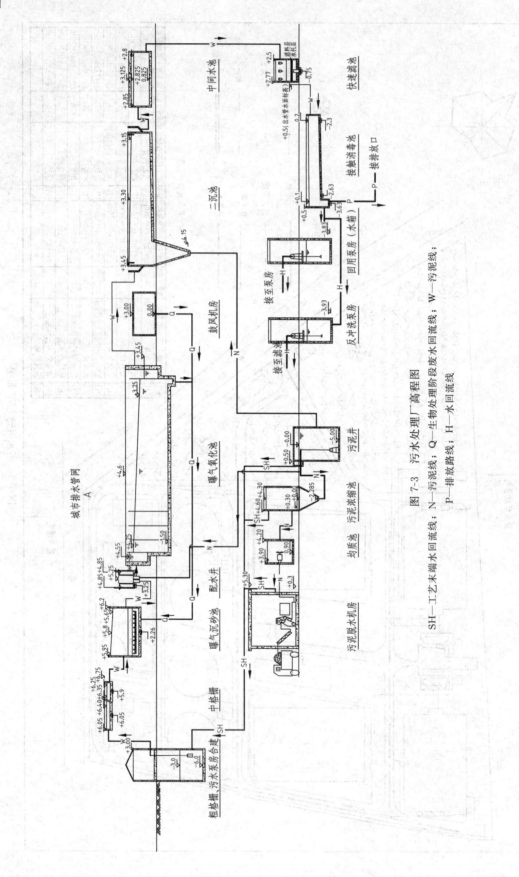

图 7-3 污水处理厂高程图

SH—工艺末端水回流线；N—污泥回流线；Q—生物处理阶段水回流线；W—污泥线；
P—排放路线；H—水回流线

部损失。在初步设计时可先进行数值估算，但是各种构筑物之间的水头损失与各构筑物之间的管径、管长、管材及管件（弯头、闸阀等）数量密切相关，工艺流程及平面布置确定后，需要根据实际布置情况进行水头损失的核实和计算。

7.2 系统控制图和工艺流程图

7.2.1 系统控制图

管路和仪表流程图 PID（Piping & Instrument Diagram），又称带控制点的工艺流程图，包括所有的管路、反应器、储罐、泵、换热器等工程设备以及各种阀门等。工艺 PID 图的基本内容如下。

① 用规定类别的图形符号和文字代号表示装置工艺过程的全部设备、机械和驱动机，包括需要就位的备用设备和生产用的移动式设备，并进行编号和标注。

② 用规定的图形符号和文字代号，详细表示所需的全部管道、阀门、主要管件（包括临时管道、阀门和管件）和隔热设备等，并进行编号和标注。

③ 用规定的图形符号和文字代号表示全部检测、指示、控制功能仪表，包括一次性仪表和传感器，并对其进行编号和标注。

④ 用规定的图形符号和文字代号表示全部工艺的分析取样点，并对其进行编号和标注。

⑤ 安全生产、试车、开停车和事故处理等需要在图上说明的事项，包括工艺系统对自控、管道等有关专业的主要设计要求和关键设计尺寸。

某化工厂生产车间 PID 图见图 7-4。

7.2.2 工艺流程图

7.2.2.1 大气处理工程工艺流程图

（1）脱硫工程工艺流程图

① 湿式石灰石-石膏法。吸收液通过喷嘴雾化喷入吸收塔，分散成细小的液滴并覆盖吸收塔的整个断面。这些液滴与塔内烟气逆流接触，发生传质与吸收反应，烟气中的 SO_2、SO_3 及 HCl、HF 被吸收。SO_2 吸收产物的氧化和中和反应在吸收塔底部的氧化区完成并最终形成石膏。设计要求如下。

a. 脱硫装置设计与烧结机烟气变化相匹配。

b. 新建烧结机的主抽风机选型时宜同步考虑脱硫装置阻力。

c. 脱硫装置设计的脱硫效率应根据 GB 8662—2012 要求和环境影响评价批复文件中排放限值综合确定，但最低不得小于 90%。

d. 应考虑烟气中氯化物、氟化物、烟尘等其他污染物对脱硫装置的影响。

钢铁工业烧结机烟气湿式石灰石-石膏法脱硫工艺流程见图 7-5。

② 氨法脱硫工艺。原烟气进入吸收塔，含氨的吸收液吸收烟气中的 SO_2，脱硫后的净烟气经除雾按要求排放。吸收液吸收烟气中的 SO_2 后在吸收塔的氧化池或独立的氧化设施中被氧化成硫酸铵，所形成的硫酸铵溶液（或浆液）送副产物处理系统。

氨法烟气脱硫典型工艺流程见图 7-6、图 7-7。

③ 海水法脱硫。海水法烟气脱硫装置由海水供应系统、烟气系统、二氧化硫吸收系统和海水恢复系统等组成。典型的海水法烟气脱硫工艺流程如图 7-8 所示。锅炉烟气经脱硫增压风机（若有）升压、经烟气换热器（若有）降温后进入吸收塔，经海水洗涤脱硫后的烟气

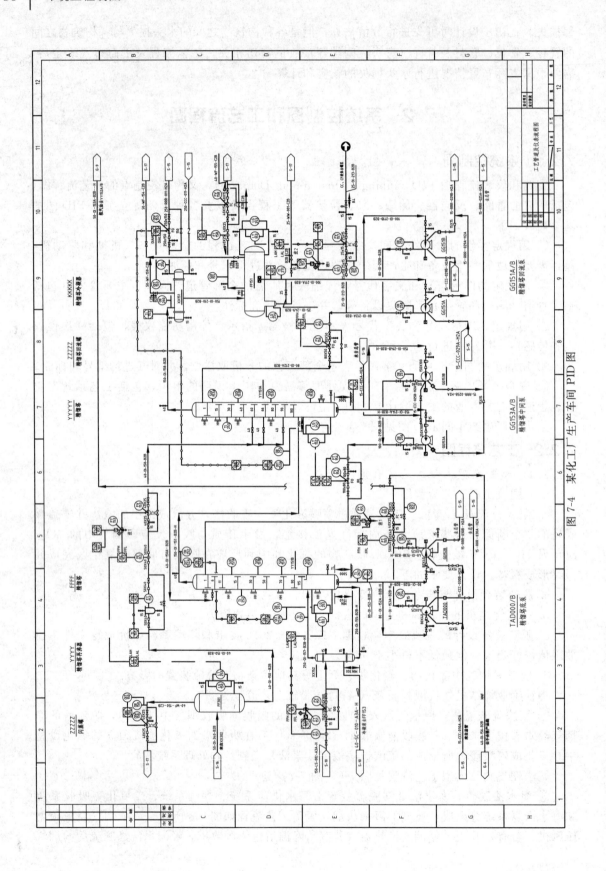

图 7-4 某化工厂生产车间 PID 图

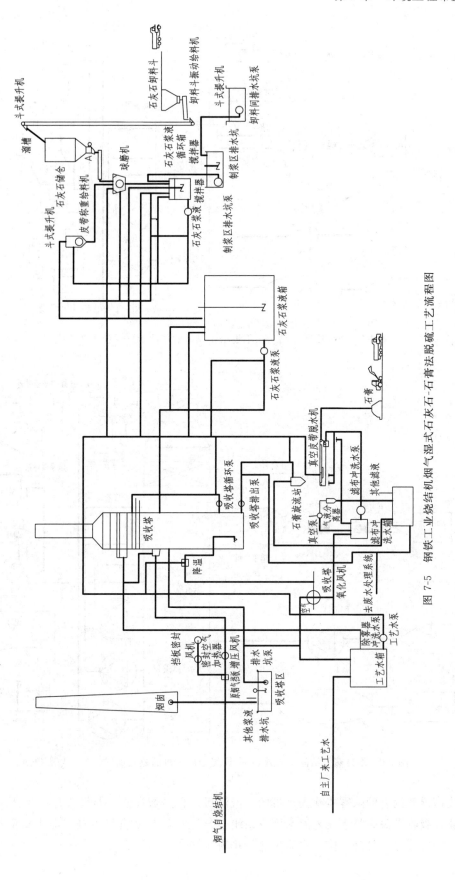

图 7-5　钢铁工业烧结机烟气湿式石灰石-石膏法脱硫工艺流程图

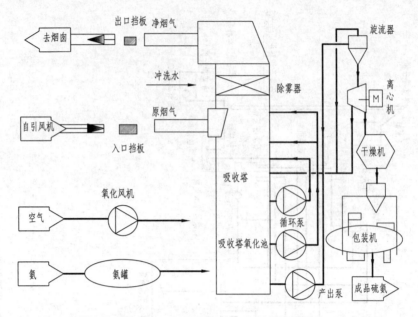

图 7-6 塔内饱和结晶——不设增压风机的氨法烟气脱硫工艺流程图

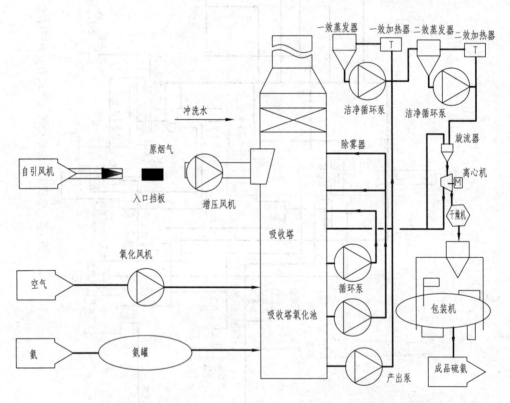

图 7-7 塔外蒸发结晶（二效）——设置增压风机的氨法烟气脱硫工艺流程图

经吸收塔顶部设置的除雾器除去携带的小液滴后，再经烟气换热器（若有）升温，最后从烟囱排放。吸收塔脱硫排水流入海水恢复系统曝气池，经与来自机组凝汽器出口的海水掺混、中和、曝气等方式处理，恢复水质后达标排海。

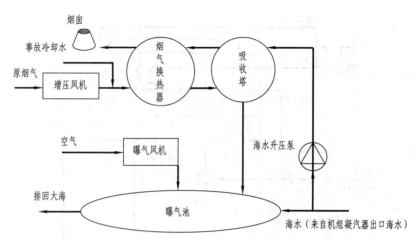

图 7-8　海水法烟气脱硫工艺流程图

（2）脱硝工程工艺流程图

① 选择性催化还原法。选择性催化还原法（Selective Catalytic Reduction，SCR）是指在催化剂的作用下，利用还原剂（如 NH_3、液氨、尿素）来"有选择性"地与烟气中的 NO_x 反应并生成无毒无污染的 N_2 和 H_2O。选择性催化还原脱硝系统一般由还原剂系统、催化反应系统、监测控制系统、公用系统、辅助系统等组成。

典型火电厂烟气 SCR 脱硝系统流程图见图 7-9。

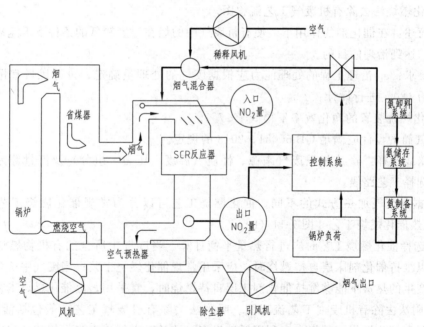

图 7-9　典型火电厂烟气 SCR 脱硝系统流程图

② 非催化氧化法脱硝。SNCR 脱硝技术即选择性非催化还原技术，是一种不用催化剂，在 850～1100℃的温度范围内，将含氨基的还原剂（如氨水、尿素溶液等）喷入炉内，将烟气中的 NO_x 还原脱除，生成氮气和水的清洁脱硝技术。

以尿素做还原剂为例介绍 SNCR 工艺系统，如图 7-10 所示。

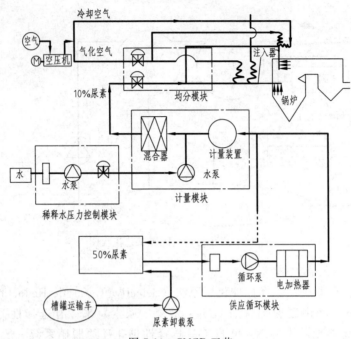

图 7-10 SNCR 工艺

（3）有机废气去除工艺流程图

① 催化燃烧法去除有机废气工艺流程图。

工艺简述：在催化剂的作用下，使有机废气中的烃在温度较低的条件下迅速氧化成水和二氧化碳，达到治理的目的。

设计要求：a. 治理工程的处理能力应根据废气的处理量确定，设计风量宜按照最大废气排放量的 120% 进行设计。

b. 催化燃烧装置的净化效率不得低于 97%。

c. 排气筒的设计应满足 GB 50051—2013 的规定。

工艺路线选择：a. 应根据废气来源、性质（温度、压力、组分）及流量等因素进行综合分析后选择工艺路线。

b. 根据对废气加热方式的不同，催化燃烧工艺可以分为常规催化燃烧工艺 ［图 7-11（a）］和蓄热催化燃烧工艺 ［图 7-11（b）］。

c. 在选择催化燃烧工艺时应进行热量平衡计算。当废气中所含的有机物燃烧后所产生的热量可以维持催化剂床层自持燃烧时，应采用常规催化燃烧工艺；当废气中所含的有机物燃烧后所产生的热量不能够维持催化剂床层自持燃烧时，宜采用蓄热催化燃烧工艺。

② 吸附法去除有机废气工艺流程图。吸附法去除有机废气工艺一般包括活性炭吸附、热气流脱附和催化燃烧三种组合。利用活性炭多微孔及巨大的表面张力等特性将废气中的有机溶剂吸附，使所排废气得到净化为第一工作过程；活性炭吸附饱和后，按一定浓缩比把吸附在活性炭上的有机溶剂用热气流脱出并送往催化燃烧床为第二工作过程；进入催化燃烧床的高浓度有机废气经过进一点步加热后，在催化剂的作用下氧化分解，转化成二氧化碳和水，分解释放出的热量经高效换热器回收后用于加热进入催化燃烧床的高浓度有机废气为第三工作过程。

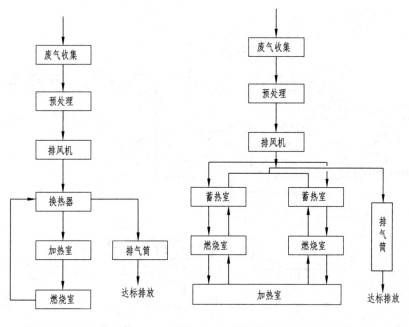

(a) 常规催化燃烧工艺流程　　　　　(b) 蓄热催化燃烧工艺流程

图 7-11　工艺流程

设计要求：a. 应根据废气的来源、性质（温度、压力、组分）及流量等因素进行综合分析后选择工艺路线。

b. 根据吸附剂再生方式和解吸气体处理方式的不同，可选用的典型治理工艺有：

ⅰ. 水蒸气再生-冷凝回收工艺。

ⅱ. 热气流（空气或惰性气体）再生-冷凝回收工艺。

ⅲ. 热气流（空气）再生-催化燃烧或高温焚烧工艺。

ⅳ. 降压解吸再生-液体吸收工艺。

典型有机废气吸附工艺流程图见图 7-12～图 7-15。

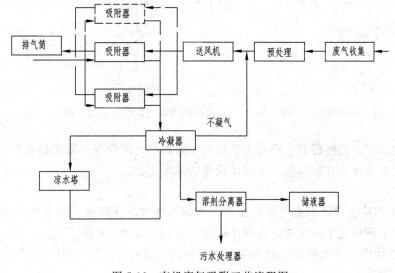

图 7-12　有机废气吸附工艺流程图

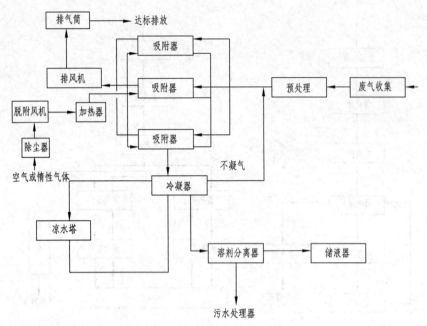

图 7-13 热气流再生-冷凝回收工艺流程图

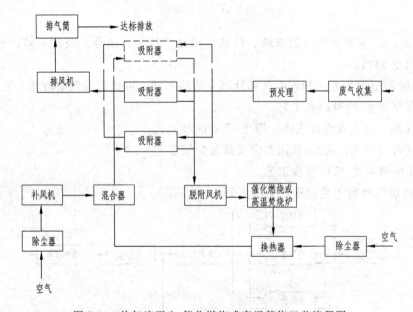

图 7-14 热气流再生-催化燃烧或高温焚烧工艺流程图

（4）除尘工程工艺流程图 把粉尘从烟气中分离出来的设备叫除尘器或除尘设备。除尘工程是以除尘器为核心并配以灰斗等辅助设备的除尘工艺。

设计要求：

① 除尘工程应适应污染源气体的变化，当烟气特性及浓度在一定范围内变化时应能正常运行。除尘工程应与生产工艺设备同步运转，可用率应为 100%。

② 除尘系统布置以及所采取的防冻、保温等措施应符合 GB 50019—2015 的规定。灰斗应设置保温及加热系统。

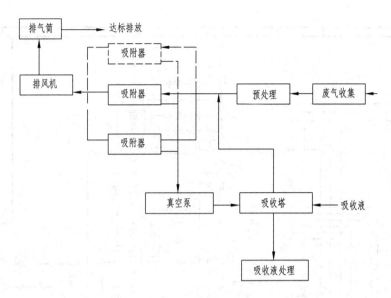

图 7-15 降压解吸再生-液体吸收工艺流程图

③ 除尘器械输灰方式应满足综合利用的要求，粉尘贮存和运输应防止二次污染。

④ 除尘过程中产生的二次污染应采取相应的治理措施。

火电厂烟气除尘工艺流程见图 7-16。

图 7-16 火电厂烟气除尘工艺流程

（5）输灰工程工艺流程图 火力发电厂的除灰是指将锅炉尾部烟道除尘器捕捉下来的灰经除灰系统收集、输送并排放至灰库、灰场或者运往厂外灰用户的全部过程。除灰系统除灰方式不外乎水力、气力和机械三种基本方式。目前火电厂最常采用的是前两种。基于节水、综合利用以及环境保护的需要，气力除灰系统已被大量采用，水力除灰方式的主导地位正逐渐被气力除灰所取代。

气力输灰系统如图 7-17 所示，电除尘输灰系统如图 7-18 所示。

7.2.2.2 水处理工程工艺流程图

（1）采油废水处理工程工艺流程图 采油废水处理工程一般包括前期预处理、厌氧生物接触池以及后续处理。

① 采油废水预处理包括冷却、隔油、调节、混凝/（气浮）沉淀等处理单元，处理单元的取舍与组合根据采油废水的水质特性和设施建设要求确定。

② 采油废水厌氧生物处理宜选用水解酸化法，也可以选用厌氧生化池；好氧生物处理宜选用生物接触氧化法、传统活性污泥膜生物反应器（MBR）等。

③ 采油废水生化后处理宜选用微絮凝-过滤、化学氧化等处理工艺。

采油废水处理工艺流程如图 7-19 所示。

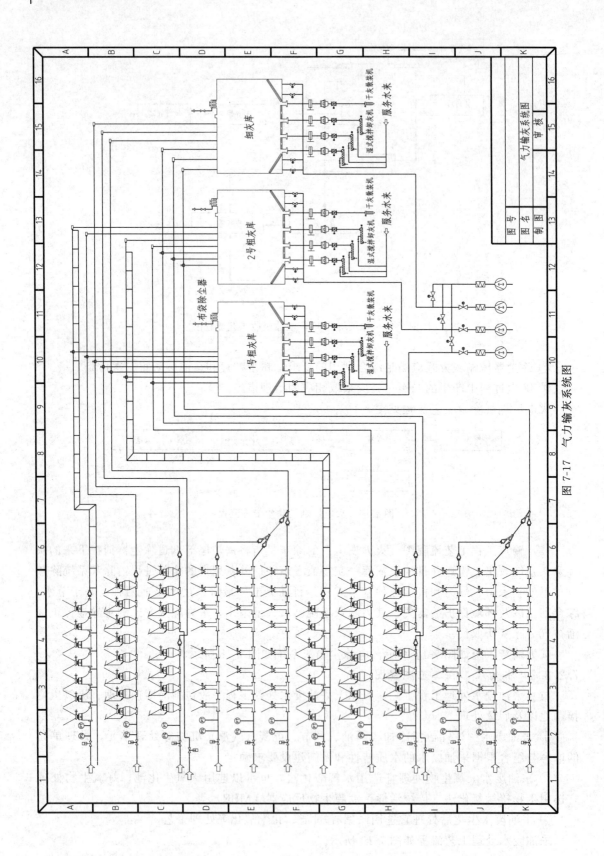

图 7-17 气力输灰系统图

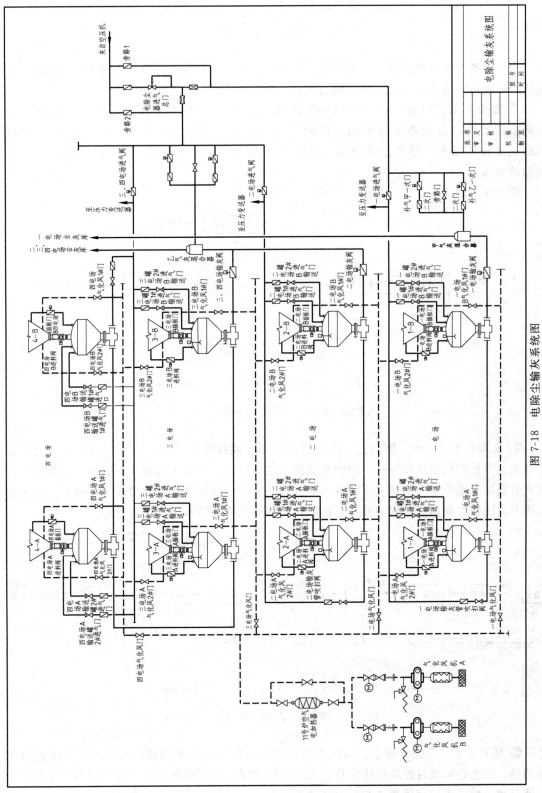

图 7-18　电除尘输灰系统图

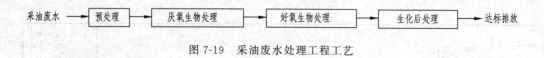

图 7-19　采油废水处理工程工艺

（2）养殖废水处理工程工艺流程图　养殖废水处理工程根据养殖场的规模和类型以及对能量的回收需求情况，可设计成不同的工艺。常见的工艺模式有以下三种。

①模式 1 工艺简介。该工艺以能源利用与综合利用为主要目的，适用于当地有较大的能源需求，沼气能完全利用，同时周边有足够土地消纳沼液、沼渣，并有一倍以上的土地轮作面积，使整个养殖场（区）的畜禽排泄物在小区域范围内全部达到循序利用的情况。

养殖废水处理工程工艺如图 7-20 所示。

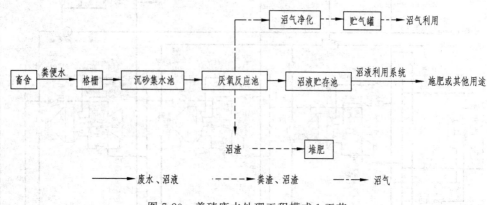

图 7-20　养殖废水处理工程模式 1 工艺

②模式 2 工艺简介。该工艺（图 7-21）适用于能源需求不大，主要以进行污染物无害化处理、降低有机物浓度、减少沼液和沼渣消纳所需要配套的土地面积为目的，且养殖场周围具有足够土地全部消纳低浓度沼液，并且有一定的土地轮作面积的情况。一般要求废水进入厌氧反应器之前先进行固液分离，然后再对固体粪渣和废水分别进行处理。

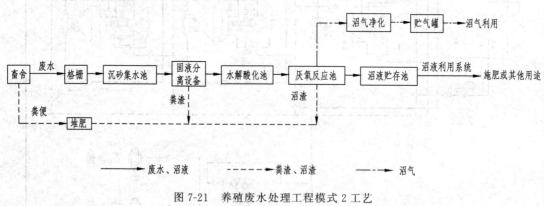

图 7-21　养殖废水处理工程模式 2 工艺

③模式 3 工艺简介。该工艺（图 7-22）适用于能源需求不高且沼液和沼渣无法进行土地消纳，废水必须经过处理后达标排放或回用的情况。同时废水进入厌氧反应器之前先进行固液分离，然后再对固体粪渣和废水分别进行处理。

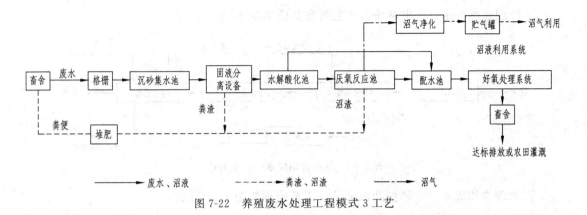

图 7-22 养殖废水处理工程模式 3 工艺

（3）电镀废水处理工程工艺流程图 电镀工厂（或车间）排出的废水和废液，如镀件漂洗水、废槽液、设备冷却水和冲洗地面水等，其水质因生产工艺而异，有的含铬，有的含镍或含镉、含氰、含酸、含碱等化学成分。因此，针对该类废水也会采取相应的工艺。

① 处理含铬废水——微电解法。工艺流程如图 7-23 所示。

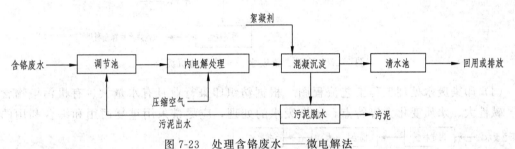

图 7-23 处理含铬废水——微电解法

② 处理含镉废水——离子交换法。工艺流程如图 7-24 所示。

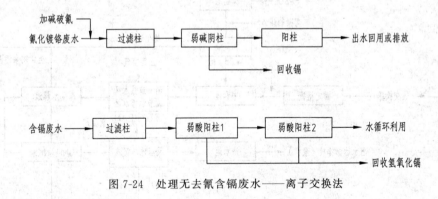

图 7-24 处理无去氰含镉废水——离子交换法

③ 处理含镍废水——反渗透技术。工艺流程如图 7-25 所示。

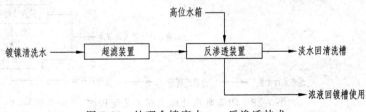

图 7-25 处理含镍废水——反渗透技术

④ 处理含铜废水——电解法。工艺流程如图 7-26 所示。

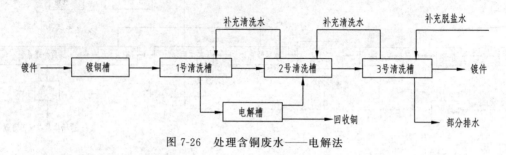

图 7-26　处理含铜废水——电解法

⑤ 处理含铅废水——磷酸盐沉淀法。工艺流程如图 7-27 所示。

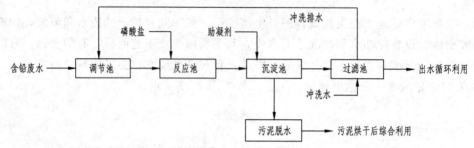

图 7-27　处理含铅废水——磷酸盐沉淀法

（4）印染废水处理工程工艺流程图　根据纺织印染行业具有水量大、有机污染物含量高、碱性大、水质变化大等特点，印染废水的处理，应尽量采用重复回用和综合利用的措

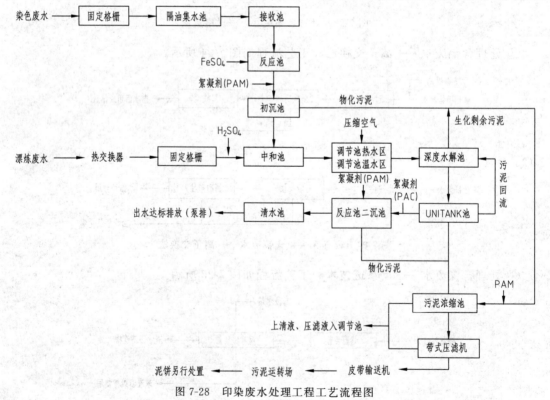

图 7-28　印染废水处理工程工艺流程图

施，与纺织印染生产工艺改革相结合。尽量减少水/碱以及其他印染助剂的用量，对废水中的染料、浆料进行回收。

印染废水处理工程工艺流程见图 7-28。

（5）焦化废水处理工程工艺流程图 产自焦炉煤气冷却、洗涤、粗苯加工及焦油加工过程中的焦化废水具有污染物浓度高、难以降解等特点。同时由于焦化废水中氮的存在，致使生物净化所需的氮源过剩，给处理达标带来较大困难。因此焦化废水处理工艺常常采用 A/O 工艺或者 A/A/O 工艺实现废水达标排放。焦化废水处理工程工艺流程见图 7-29。

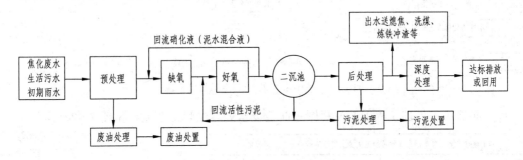

图 7-29 焦化废水处理工程工艺流程图

（6）屠宰废水处理工程工艺流程图 根据屠宰废水具有水量大、浓度高、杂质和悬浮物多、可生化性好等特点，处理该类废水一般采用预处理、生化处理、深度处理的模式。屠宰废水处理工程工艺流程见图 7-30。

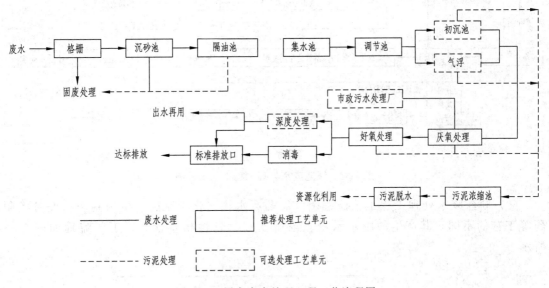

图 7-30 屠宰废水处理工程工艺流程图

（7）制革废水处理工程工艺流程图 制革废水的特点是成分复杂、色度深、悬浮物多、耗氧量高、水量大。污水处理厂一般先采用预处理系统（格栅、调节池、沉淀池）来调节水量、水质，去除 SS、悬浮物，削减部分污染负荷；然后再利用生化系统（氧化沟、生物接触滤池）进一步降低水中的 BOD 和 SS，最后经过深度处理（高级氧化技术）实现废水达标排放。制革废水处理工程工艺流程见图 7-31。

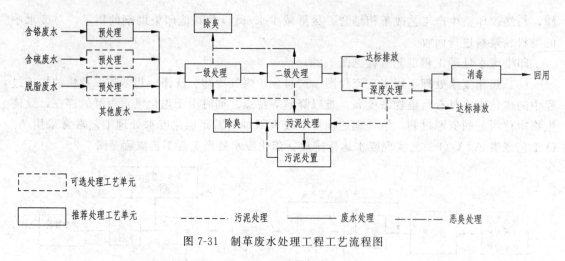

图 7-31　制革废水处理工程工艺流程图

（8）酿造废水处理工程工艺流程图　酿造废水处理工程工艺流程见图 7-32。

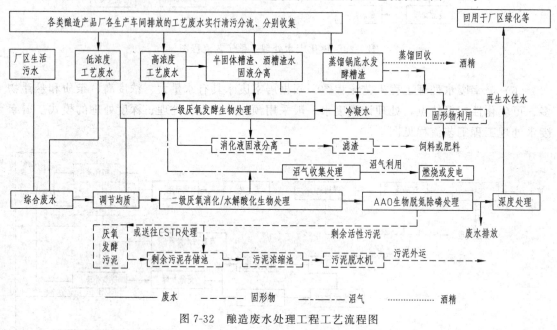

图 7-32　酿造废水处理工程工艺流程图

（9）制药废水处理工程工艺流程图　制药废水根据化学制药、生物制药、发酵类制药等工艺的不同，其产生的废水水量、浓度及理化特性相差很大，工艺流程如图 7-33 所示。

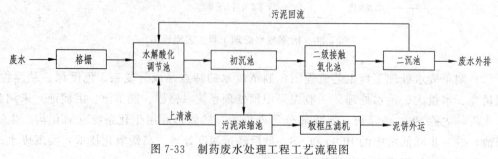

图 7-33　制药废水处理工程工艺流程图

7.3　管道布置图

在完成设备布置图的设计后，还需画出厂区建筑内外设备之间管路的连接走向和空间位置以及阀门等部件的尺寸和规格，一般用管道布置图表示。管道的布置和设计常常以仪表流程图（PID）、设备一览表、设备布置图以及有关仪表、电气、机泵等方面的图样和资料为依据。管路布置图又称为管路安装图或配管图，表示厂房仪表控制点的安装位置，并用于指导管路的安装施工。

7.3.1　管道布置图的种类和内容

7.3.1.1　管道图种类

在管道布置设计中，一般需要绘制出下列图样。

（1）管道布置图　展示车间（或装置）内管道空间位置的平面布置情况的图样，即管道的正投影图、车间（或装置）内管道的正投影图（二维投影图）。

（2）管道轴测图　展示一个设备至另一个设备（或另一管道）间的一段管道及其所附管件、阀等具体布置情况的立体图样，即管道的正等轴测投影图、一管段的轴测投影图（立体图样）。

（3）伴热管道图　当蒸汽伴热管系统较简单时，也可以表示在工艺管道布置图上。

（4）管口方位图　表示设备管口、吊柱、支腿、接地板等构件的方位。

（5）管架图　表达管架的零部件图样，分为标准管架图、非标管架图。

（6）管件图　表达管件的零部件图样，其中管架图、管件图按照机械图样要求绘制。

7.3.1.2　管道图布置内容

管道布置图是管道安装施工的重要依据，一般包括以下内容。

（1）一组视图　由平面图、剖面图组成的一组正投影视图，用以表达建筑物、设备的基本轮廓以及管道、管道附件、仪表控制点等的安装和布置情况。

（2）尺寸标注　标注建筑物轴线编号、设备位号、管道代号、仪表控制点代号和管道、阀门等的安装位置尺寸和标高。

（3）方位标　表示管道安装的方位基准。

（4）管口表　注写设备上各管口的相关数据。

（5）标题栏　注写图名、图号、比例及设计阶段等。

（6）分区索引图　对于管路较复杂的布置图，一般会用到分区索引图，用阴影线表示出本图所在位置。

7.3.2　管道布置图的规定

为了便于布置图的绘制、表达和交流，管道布置图绘制时一般有以下规定。

（1）图幅　管道布置图的图幅应尽量采用 A0 或 A1，对于比较简单的图纸，亦可采用 A2 或 A3。同区的或各分层的图应采用同一种图幅。图幅要避免加长或加宽。

（2）比例　常采用的比例为 1∶30，亦可采用 1∶25 或 1∶50，通常在工艺装置仅有管道和大尺寸设备的情况下，可采用 1∶50 的比例。同区的平面图，应采用同一比例。剖面图的绘制比例应与平面布置图保持一致。

（3）尺寸单位　在管道布置图中，一般标高以米（m）为单位，精确到小数点后三位；其他标注尺寸以毫米（mm）为单位。假如基准地平面的设计标高表示为 EL100.000m 时，低于基准地平面者可表示为 9×.×××m。

(4) 尺寸标注与数字

① 管道在平面图形上的平面定位尺寸通常以建筑物轴线、设备中心线、设备管口中心线或者设备管口法兰的一端作为基准进行标注。尺寸数字一般写在尺寸线的上方中间,并且平行于尺寸线。

② 管道高度方向定位标高,当标高以管道中心线为基准时,标注 EL××××,×××;当以管底为基准时,则加注管底代号 BOP,即 BOP EL××××,×××

(5) 图线 管道布置图中的所有图线都要清晰光洁、均匀,宽度应符合要求。图线宽度分为以下三种:细线 0.15~0.3mm;中粗线 0.5~0.7mm;粗线 0.9~1.2mm。

一般规定图中单线管道用粗线(实线或虚线)表示,双线管道用中粗线(实线或虚线)表示,法兰、阀门等其他图线均用细线表示。

要求平行线间距至少大于 1.5mm,以保证复制件上的图线不至于分不清或重叠。

(6) 字体 图样和表格中的所有文字(包括数字)应符合国家现行标准《技术制图 字体》(GB/T 14691—1993)中的要求。图中常用的字体高度建议如下:数字及字母、表格中的文字(格子小于 6mm 时),3.5 号字;工程名称、文字说明及轴线号、表格中的文字,5 号字;图名、图表中的图号、视图符号,7 号字。

(7) 管路 为了画图简便,通常将管路画成单线(粗实线),如图 7-34(a)所示。对于大直径($DN \geqslant 250$mm)或重要管径($DN \geqslant 50$mm,受压在 12MPa 以上的高压管),则将管路画成双线(中实线),如图 7-34(b)所示。直径小于或等于 200mm 的管道用单线表示。在管路的断开处应画出断裂符号,单线及双线管路的断裂符号参见图 7-34。

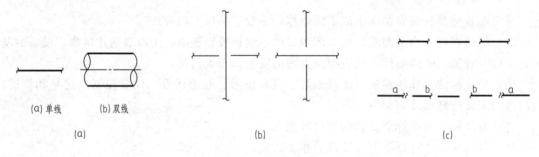

图 7-34 管路画法

① 管路转折。管路大都通过 90°弯头实现转折。在反映转折的投影中,转折处用圆弧表示。在其他投影图中,转折处画一细实线表示,如图 7-35(a)所示。为了反映转折方向,规定当转折方向与投射方向一致时,管线画入小圆至圆心处,如图 7-35(a)中右侧立面图;当转折方向与投射方向相反时,管线不画入小圆内,而在小圆内画一圆点,如图 7-35(a)中左侧的立面图。

② 管路交叉。管路交叉的画法有两种,一般是将下方的管道断开,如图 7-36(a)所示。如果下方(或后方)的管道为主要管道时,应将上方(或前方)的管道断开并画出断裂符号,如图7-36(b)所示。

(8) 管件 管道一般用弯头、三通、法兰、管接头等管件连接,并需要按规定符号画出管件。常用管件的图形符号如图 7-37 所示。

(9) 阀门 管道布置图上的阀门应按规定符号画出,一般不注尺寸,只在剖视图上标注

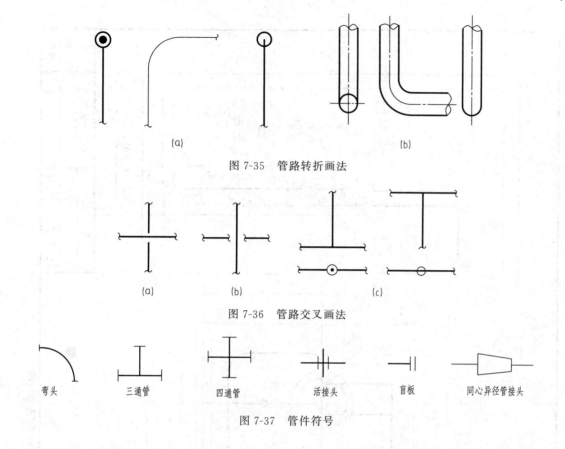

图 7-35　管路转折画法

图 7-36　管路交叉画法

弯头　　　三通管　　　四通管　　　活接头　　　盲板　　　同心异径管接头

图 7-37　管件符号

安装标高。当管道中阀门类型较多时，应在阀符号旁注明其编号及公称直径。

（10）仪表控制点　仪表控制点的标注与带控制点的工艺流程图一致。用指引线从仪表控制点的安装位置引出，也可以在水平线上写出规定符号。

（11）管架　管道常用各种形式的管架支撑、固定在地面或建筑物上，图中一般用图形符号或管架编号表示管架的类型和位置，如图 7-38 所示。

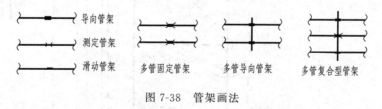

导向管架　　　测定管架　　　滑动管架　　　多管固定管架　　　多管导向管架　　　多管复合型管架

图 7-38　管架画法

（12）视图的配置　管道配置图一般只绘平面图。对于多层建筑物、构筑物的管道平面布置图，需要按楼层或标高分别绘制出各层的平面图，以避免平面图上图形重叠过多，造成表达不清晰。各层的平面图可以绘制在一张图纸上，也可以分画在几张图纸上。若各层平面的绘图范围较大而图幅有限时，也可将各层平面上的管道布置情况分区绘制。在同一张图纸上绘制几层平面图时，应从最底层起，在图纸上由下至上或由左至右依次排列，并在各平面图的下方注明图名，例如"EL100.000 平面"或"EL××.×××平面"。

7.3.3　管道布置图的绘制

管道布置图的表达重点是管路，可在设备布置图的基础上再清楚地表示出管路、阀门及

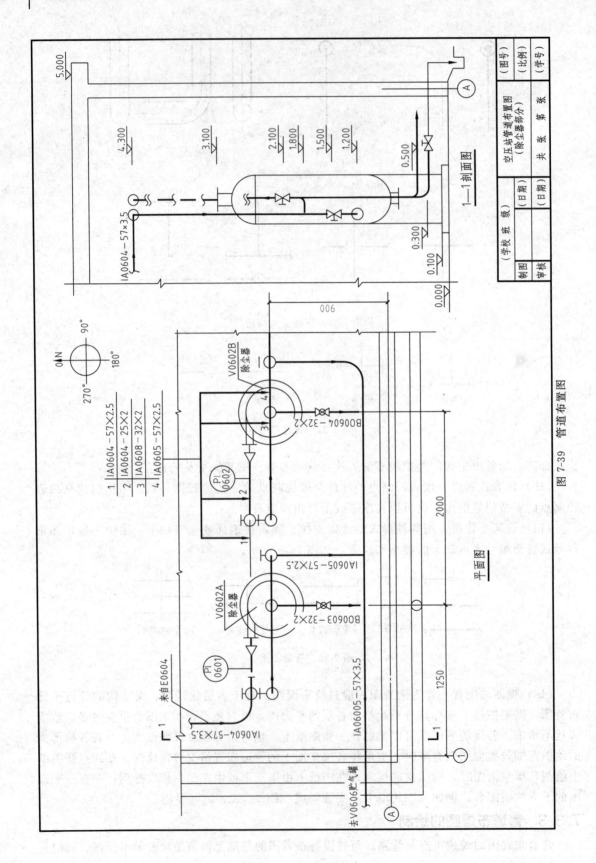

图 7-39 管道布置图

管件、仪表控制点等位置和尺寸。

与此同时，可在平面图的基础上，选择恰当的剖切位置画出剖面图，以表达管路的立面布置情况和标高。必要时还可选择立面图、向视图或局部视图对管路布置情况进一步补充表达。为使表达简单清晰且突出重点，常采用局部绘图步骤。结合图 7-39，说明管路布置图的绘图步骤。

（1）绘图前的准备　在绘制管道布置图之前，应先从相关图样资料中了解设计说明，本项目工程对管路布置的要求以及管路设计的基本任务，并充分了解和掌握工艺生产流程、厂区建筑的基本结构、设备（构筑物）位置以及管口和仪表等管路附件的配置情况。

（2）确定表达方案　参照施工流程图和设备布置图，确定管道布置图的表达方法。图 7-39 中，画出平面布置图，并根据其管道的复杂程度，选取 1—1 剖面图表达管路的立面布置情况。

（3）确定比例，选择图幅，合理布图　表达方案确定之后，根据尺寸大小及管路布置的复杂程度，选择恰当的比例和图幅，合理布置视图。

（4）绘制平面布置视图　管道平面布置图一般应与设备布置图中的平面图一致。画管路布置平面图和剖面图时的具体步骤如下。

① 用细实线按照比例画出厂区建筑的主要轮廓。

② 用细实线按照比例画出带管口方位的设备（构筑物）示意图。

③ 用粗实线按照设计所要求的位置画出管路。

④ 用细实线画出管路上管件、阀门、管架和控制点等示意图。

（5）图样的标注　图样标注包括以下内容。

① 注明各类视图的名称。

② 在各视图上标注厂区建筑的定位轴线以及轴线号和轴线间的尺寸。

③ 在剖面图上标注厂房、设备（构筑物）及管路的标高尺寸。

④ 在平面图上标注厂房、设备（构筑物）和管路的定位尺寸。

⑤ 标注设备的位号和名称。

⑥ 标注管路，用箭头指明每一管段中的介质流向，并参照规定代号注明各管段的物料名称、管路代号及规格等。

（6）绘制方向标　在绘图区的右上角或平面布置图的右上角画出方向标，作为管路安装的定向基准，最后填写标题栏。

（7）填写管口表　在管道布置图的右上角可列出管口表，描述该管道布置图中的设备管口参数，管口表的格式见表 7-1。

（8）绘制附表、注写说明、填写标题栏。

（9）校核与审定

表 7-1　管口表

设备位号	管口符号	公称通径 DN /mm	公称压力 PN /MPa	密封面形式	连接法兰标准号	长度 /mm	标高 /m	坐标/m		方位/(°)	
								N	E(W)	垂直角	水平角

续表

设备位号	管口符号	公称通径 DN /mm	公称压力 PN /MPa	密封面形式	连接法兰标准号	长度 /mm	标高 /m	坐标/m		方位/(°)	
								N	E(W)	垂直角	水平角

第8章 环境工程设备图

8.1 环境工程设备图概述

关于环保设备目前尚无统一确定的定义，相关文献对于环保设备的定义有以下三种。

① 环保设备是指以控制环境污染为主要目的的设备，也称环境工程设备、环境保护设备。

② 环保机械与设备：用于防治环境污染、改善环境质量而由工业生产部门或建筑安装部门制造和建造出来的机械产品、构筑物及其系统。

③《环境保护设备分类与命名》（HJ/T 11—1996）中规定：环境保护设备是以控制环境污染为主要目的的设备，是水污染治理设备、空气污染治理设备、固体废物处理设备、噪声与振动控制设备、放射性与电磁波污染防护设备的总称。环保设备是环境保护设备的简称。

按照不同的分类标准，环保设备有不同的分类方法。

（1）按功能分类　环保设备按照功能分为资源循环利用设备、节能设备、环境流体输送机械与设备、混合与分离等基本单元设备、污染治理专用设备、环境监测及分析设备、清洁生产工艺设备以及附属设备、管件等。

（2）按照设备的构成分类　按照设备的构成，环保设备可分为单体设备、成套设备和生产线三类。

① 单体设备：独立设置且具有一种或多种功能的设备，是环保设备的主体，如各种除尘器、单体水处理设备等。

② 成套设备：以单体设备为主，同时包括各种附属设备（风机、电机等）组成的整体。

③ 生产线：指由一台或多台单体设备以及各种附属设备及其管线所构成的整体，如固废处理设备。

（3）国家标准中的分类（表8-1）　《环境保护设备分类与命名》（HJ/T 11—1996）中规定，环保设备按照类别、亚类别、组别和型别四个层次进行分类。

① 类别：按所控制的污染对象分为水污染治理设备、空气污染治理设备、固体废物处理设备、噪声与振动控制设备、放射性与电磁波污染防护设备五类。

② 亚类别：按照环保设备的原理和用途分类。如水污染治理设备分为物理法处理设备、化学法处理设备、物理化学法处理设备、生物法处理设备及组合式水处理设备。

③ 组别：按环境保护设备的工作原理划分。如水污染治理设备中的物理法处理设备亚类又分为沉淀装置、澄清装置、上浮分离装置、离心装置、磁分离装置、筛滤装置、过滤装置、压滤和吸滤装置、蒸发装置等。

表 8-1 环境保护设备分类

类别	亚类别	组 别	型 别
水污染治理设备	物理法处理设备	沉淀装置	沉砂装置
			平流式沉淀装置
			竖流式沉淀装置
			斜管(板)沉淀装置
			压力涡流沉淀装置
		澄清装置	机械循环澄清装置
			水力循环澄清装置
			脉冲澄清装置
			悬浮澄清装置
		上浮分离装置	粗粒化装置
			油水分离装置
			斜管(板)隔油装置
			海洋隔油装置
		气浮分离装置	溶气气浮装置
			真空气浮装置
			分散空气气浮装置
			电解气浮装置
			泡沫分离器
		离心分离装置	水力旋流分离器
			鼓型离心分离机
			卧螺式离心分离机
		磁分离装置	永磁分离器
			电磁分离装置
		筛滤装置	平板式筛网
			旋转式筛网
			粗格栅
			弧形细格栅
			捞毛机
		过滤装置	石英砂过滤器
			多层滤料过滤器
			泡沫塑料珠过滤器
			陶粒过滤器
		微孔过滤装置	微孔管(板)过滤器
		压滤和吸滤装置	真空转鼓污泥脱水机
			滚筒挤压污泥脱水机
			板框压滤污泥脱水机
			折带压滤污泥脱水机
			真空吸滤污泥脱水机
		蒸发装置	自然循环蒸发器
			强制循环蒸发器
			扩容循环蒸发器
			闪激蒸发器

类别	亚类别	组　别	型　别
水污染治理设备	化学法处理设备	酸碱中和装置	中和槽
			膨胀式中和塔
		氧化还原和消毒装置	臭氧发生器
			加氯机
			次氯酸钠发生器
			二氧化氯发生器
			药剂氧化还原装置
			电解氧化还原装置
			光氧化装置
			湿式氧化装置
		混凝装置	机械反应混凝装置
			水力反应混凝装置
			管道混合器
	物理化学法处理设备	萃取装置	脉冲筛板塔
			离心萃取机
			液膜萃取塔
			混合澄清萃取器
		汽提和吹脱装置	汽提塔
			吹脱塔
		吸附装置	活性炭吸附装置
			大孔树脂吸附装置
			硅藻土吸附装置
			分子筛吸附装置
			沸石吸附装置
		离子交换装置	固定床离子交换装置
			移动床离子交换装置
			流动床离子交换装置
		膜分离装置	超滤装置
			电渗析装置
			扩散渗析装置
			反渗透装置
			隔膜电解装置
			微滤装置
	生物法处理设备	好氧处理装备	鼓风曝气活性污泥处理装置
			机械表面曝气活性污泥处理装置
			吸附生物氧化处理装置(AB法)
			超深层曝气装置
			序批式(SBR)活性污泥处理装置
			间歇循环延时曝气处理装置
			生物接触氧化装置
			生物转盘
			生物滤塔
			生物活性炭处理装置
			活性生物滤塔(ABF)
		供氧曝气装置	机械表面曝气装置
			鼓风曝气器
			射流曝气器
			曝气转刷
		厌氧处理装置	上流式污泥床厌氧反应器
			厌氧流化床反应器

类别	亚类别	组 别	型 别
水污染治理设备	生物法处理设备	厌氧处理装置	厌氧膨胀床反应器
			管式厌氧反应器
			两相式厌氧反应器(产酸相与产沼气相)
			厌氧生物转盘
			厌氧生物滤塔
			污泥消化装置
		厌氧-好氧处理装置	厌氧-好氧活性污泥处理装置
			缺氧-好氧活性污泥处理装置(A/O)
			厌氧-缺氧-好氧活性污泥处理装置(A²/O)
		组合式水处理设备	
空气污染治理设备	除尘设备	重力与惯性力除尘装置	重力沉降室
			挡板式除尘器
		旋风除尘装置	单筒旋风除尘器
			多筒旋风除尘器
		湿式除尘装置	喷淋式除尘器
			冲激式除尘器
			水膜除尘器
			泡沫除尘器
			斜栅式除尘器
			文丘里除尘器
		过滤层除尘装置	颗粒层除尘器
			多孔材料过滤器
			纸质过滤器
			纤维填充过滤器
		袋式除尘装置	机械振动式除尘器
			电振动式除尘器
			分室反吹式除尘器
			喷嘴反吹式除尘器
			振动反吹式除尘器
			脉冲喷吹式除尘器
		静电除尘装置	板式静电除尘器
			管式静电除尘器
		组合式除尘装置	
	除雾设备	惯性力除雾装置	折板式除雾器
			旋流板式除雾器
		湿式除雾装置	
		过滤式除雾装置	网式除雾器
			填料除雾器
		静电除雾装置	管式静电除雾器
			板式静电除雾器
	气态污染物净化设备	吸附装置	固定床吸附器
			移动床吸附器
			流化床吸附器
		吸收装置	文丘里式吸收器
			喷淋式吸收器
			喷雾干燥式吸收器
			填料式吸收器
			鼓泡吸收器
			水膜吸收器
		氧化还原净化装置	直接氧化净化器

续表

类别	亚类别	组　别	型　别
空气污染治理设备	气态污染物净化设备	氧化还原净化装置	催化氧化净化器
			直接还原净化器
			催化还原净化器
		生物法净化装置	
		冷凝净化装置	直接冷却净化器
			间接冷却净化器
		辐照净化装置	气体电子辐照净化器
		汽车机内净化装置	汽车曲轴箱强制通风装置
		汽车尾气净化装置	汽车尾气催化净化器
	颗粒物-气态污染物治理设备		
固体废物处理设备	输送与存储设备	运送装置	
		贮存装置	
	分拣设备	机械分选装置	
		电磁分选装置	
	破碎压缩设备	破碎装置	
		压缩装置	
	焚烧设备	焚烧炉	固定床式焚烧炉
			流化床式焚烧炉
			回转炉床式焚烧炉
			移动床式焚烧炉
	无害化处理设备	堆肥设备	
		填埋设备	
		固化装置	水泥固化装置
			塑料固化装置
			熔融固化装置
		消毒装置	
	资源再利用设备	废物转化回收装置	
		废物回收装置	
噪声与振动控制设备	噪声控制设备	吸声装置	穿孔板吸声装置
			微孔板吸声装置
			共振吸声装置
			薄板吸声装置
			薄膜吸声装置
		隔声装置	隔声罩
			隔声构件
			隔声室
			隔声帘幕
			遮光隔声屏
			透光隔声屏
		消声装置	阻性消声器
			抗性消声器
			阻抗复合消声器
			耗散式消声器
			小孔消声器
			多孔扩散消声器
			百叶窗式消声装置
			有源消声装置
	振动控制设备	隔振装置	隔振垫
			隔振器
			隔振连接件
		减振装置	阻尼减振装置
			减振台架

类　别	亚类别	组　别	型　别
放射性与电磁波污染防护设备			放射性污染防护设备
			电磁波污染防护设备

④ 型别：按环保设备的结构特征和工作方式划分。如气浮分离装置还可以分为溶气气浮装置、真空气浮装置、分散空气气浮装置、电解气浮装置、泡沫分离器等型别。

8.2　水处理工程常用设备图

8.2.1　物理法污水处理设备

（1）格栅　格栅是一种最简单的过滤设备，由一组或多组平行的金属栅条制成框架，斜置于污水流经的渠道中。格栅设于污水处理厂所有构筑物之前，或设在泵站前，用于截留污水中粗大的悬浮物或漂浮物，防止其后处理构筑物的管道阀门或水泵堵塞。格栅设备如图8-1、图8-2所示。

（2）沉砂池　沉砂池的作用是去除污中密度较大的无机颗粒，如泥沙、煤渣等。一般设在泵站、倒虹管、沉淀池前，以减轻水泵和管道的磨损，防止后续处理的构筑物管道堵塞，缩小污泥处理构筑物容积，提高污泥有机成分的含量，提高污泥作为肥料的价值。常用的沉砂池有平流式沉砂池、曝气式沉砂池等。沉砂池如图8-3所示。

（3）隔油池　隔油池是利用自然上浮法进行油水分离的装置。常用的主要类型有平流式隔油池、平行板式隔油池、倾斜板式隔油池等。隔油池装置如图8-4所示。

（4）沉淀池　沉淀池是分离悬浮物的一种主要处理构筑物，用于水及污水的处理、生物处理的后处理以及最终处理。沉淀池按其功能划分为进水区、沉淀区、污泥区、出水区及缓冲区五个部分。进水区和出水区是使水流均匀地流过沉淀池。沉淀区也称澄清区，是可沉降颗粒与污水分离的工作区。污泥区是污泥贮存、浓缩和排出的区域。缓冲区是分隔沉淀区和污泥区的水层，保证已沉降颗粒不因水流搅动而再浮起。常用沉淀池的类型有平流式沉淀池、辐流式沉淀池、竖流式沉淀池和斜板沉淀池等。沉淀池如图8-5～图8-9所示。

（5）气浮池　气浮池源于气浮技术的发展。气浮技术的基本原理是向水中通入空气，使水中产生大量的微细气泡，并促使其黏附杂质颗粒，形成密度小于水的浮体，在浮力作用下，上浮至水面，实现固液或液液分离。气浮池如图8-10、图8-11所示。

8.2.2　化学法污水处理设备

（1）澄清池　澄清池是一种将絮凝反应过程与澄清分离过程综合一体的构筑物。在澄清池中沉泥被提升起来并使之处于均匀分布的悬浮状态，在池中形成高浓度稳定的活性泥渣层。澄清池如图8-12、图8-13所示。

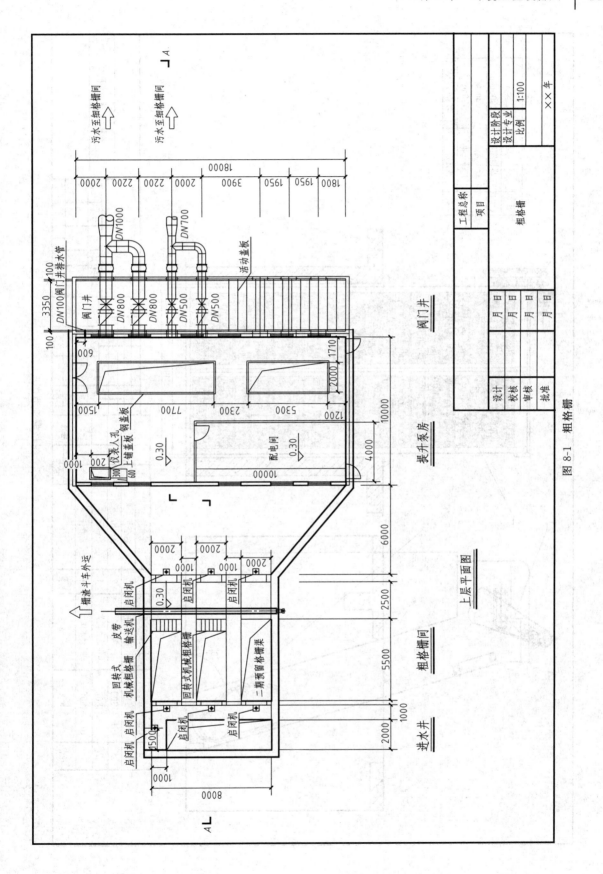

图 8-1 粗格栅

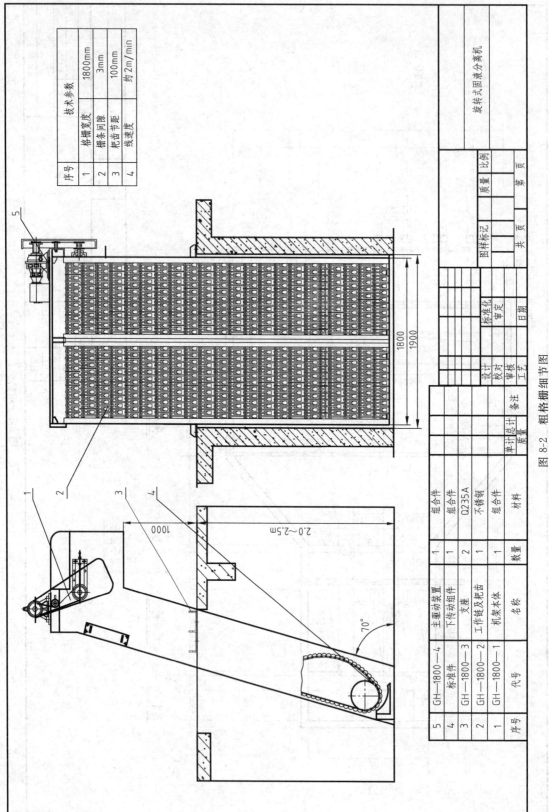

技术参数

序号	技术参数	
1	格栅宽度	1800mm
2	栅条间隙	3mm
3	耙齿节距	100mm
4	线速度	约 2m/min

序号	代号	名称	数量	材料	单件	总计	备注
					质量		
5	GH—1800—4	主传动装置	1	组合件			
4	标准件	下传动组件	1	组合件			
3	GH—1800—3	支座	2	Q235A			
2	GH—1800—2	工作链及耙齿	1	不锈钢			
1	GH—1800—1	机架本体	1	组合件			

图 8-2　粗格栅细节图

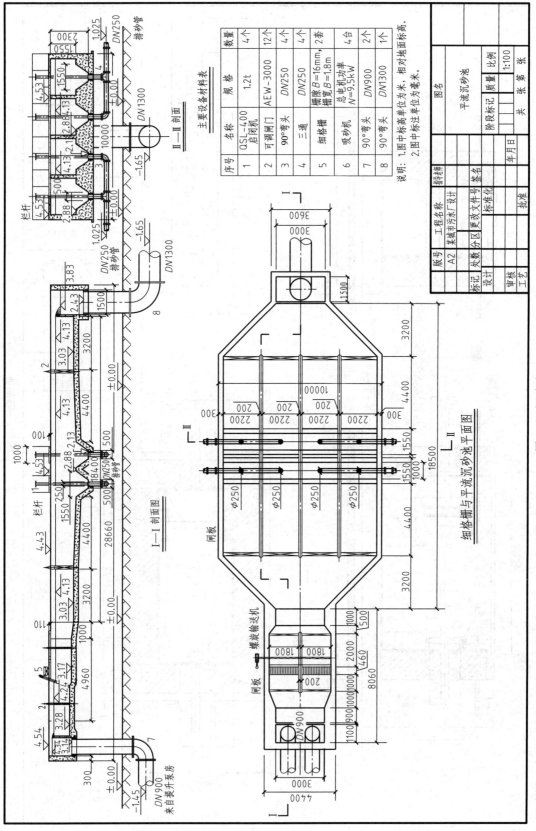

主要设备材料表

序号	名称	规格	数量
1	QSL-4.00 启闭机	1.2t	4个
2	可调闸门	AEW-3000	12个
3	90°弯头	DN250	4个
4	三通	DN250	4个
5	细格栅	栅隙 B=16mm，栅宽 B=1.8m	2套
6	吸砂机	总电机功率 N=9.5kW	4台
7	90°弯头	DN900	2个
8	90°弯头	DN1300	1个

说明：1.图中标高单位为米，相对地面面标高。
2.图中标注单位为毫米。

细格栅与平流沉砂池平面图

I—I 剖面图

II—II 剖面

图 8-3　沉砂池

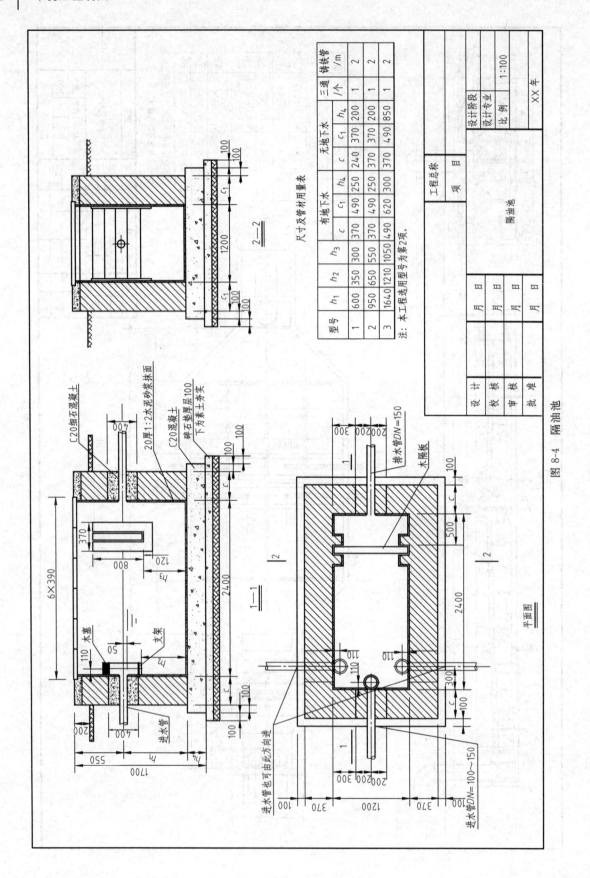

尺寸及管材用量表

型号	h_1	h_2	h_3	有地下水				无地下水				三通 /个	铸铁管 /m
				c	c_1	h_4		c	c_1	h_4			
1	600	350	300	370	490	250		240	370	200		1	2
2	950	650	550	370	490	250		370	370	200		1	2
3	1640	1210	1050	490	620	300		370	490	850		1	2

注：本工程选用型号为第2项。

图 8-4　隔油池

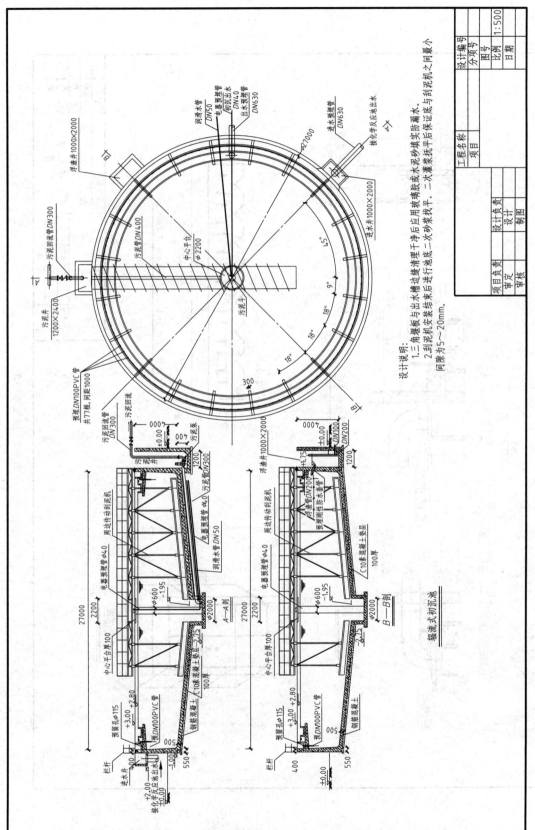

图 8-5 沉淀池

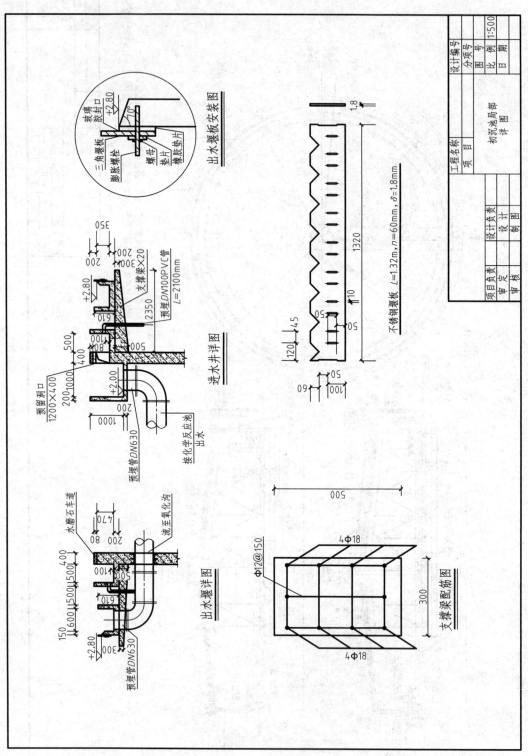

图 8-6 沉淀池局部

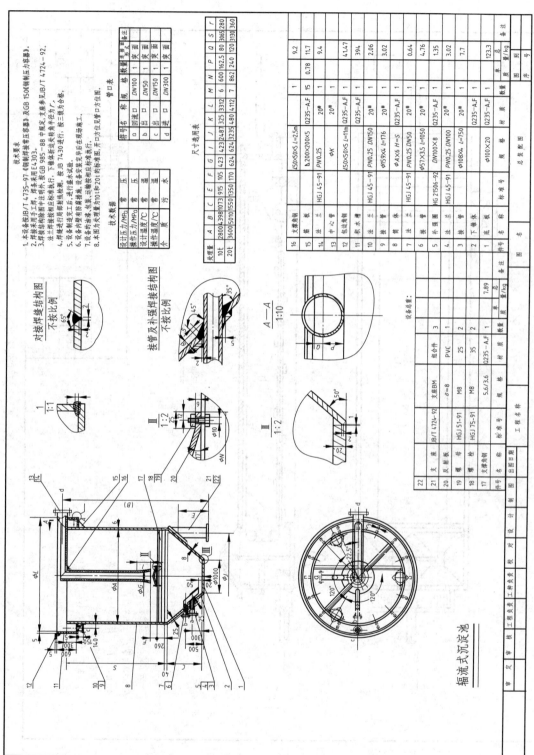

图 8-7　辐流式沉淀池

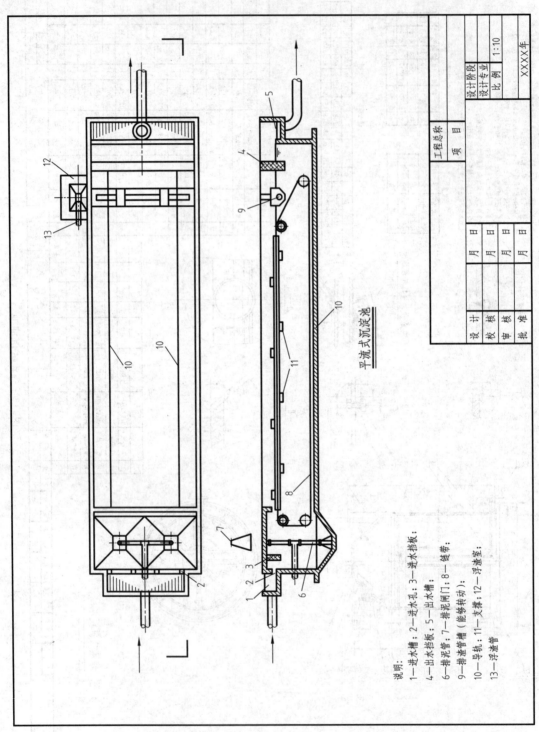

平流式沉淀池

说明:
1—进水槽;2—进水孔;3—进水挡板;
4—出水挡板;5—出水槽;
6—排泥管;7—排泥闸门;8—链带;
9—排渣管槽(能够转动);
10—导轨;11—支撑;12—浮渣室;
13—浮渣管;

图 8-8 平流式沉淀池

工程总称					设计阶段	
项 目					设计专业	
					比 例	1:10
设 计		月 日				
校 核		月 日		XXXXX年		
审 核		月 日				
批 准		月 日				

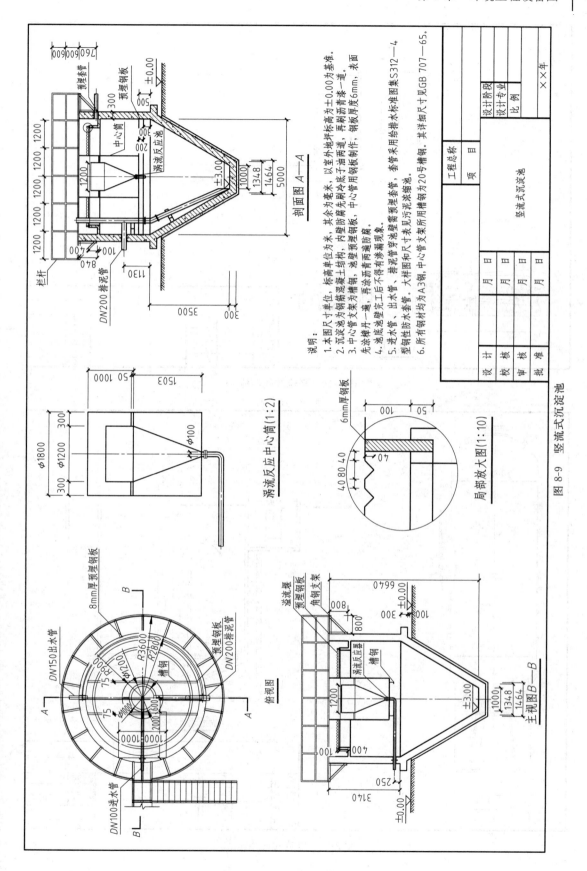

说明：
1. 本图尺寸单位为毫米，标高单位为米，其余为毫米。以室外地坪标高为±0.00 为基准。
2. 沉淀池为钢筋混凝土结构，内壁防腐先刷冷底子油两道，再刷沥青两道，表面先涂樟丹一遍，再涂沥青两遍。中心管用钢板制作，池底防腐。
3. 中心管支架为槽钢，池壁预埋钢板、池壁预埋钢板两端防腐。
4. 池底池壁完工后不得有渗漏现象。
5. 进水管、出水管、排泥管穿池壁需预埋套管，套管采用给排水标准图集 S312—4 型钢性防水套管。大样图和尺寸表见污泥浓缩池。
6. 所有钢材均为 A3 钢，中心管支架所用槽钢为 20 号槽钢。其详细尺寸见 GB 707—65。

渦流反应中心筒(1:2)

局部放大图(1:10)

俯视图

主视图B—B

图 8-9　竖流式沉淀池

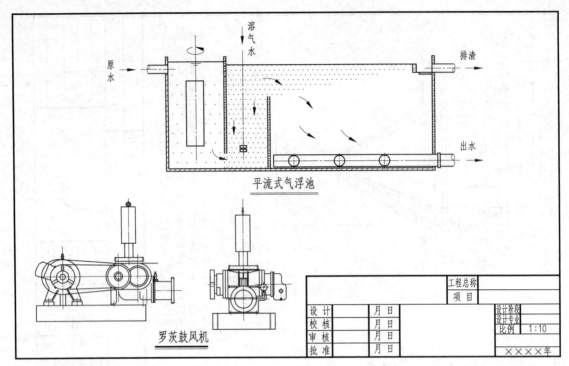

图 8-10 平流式气浮池

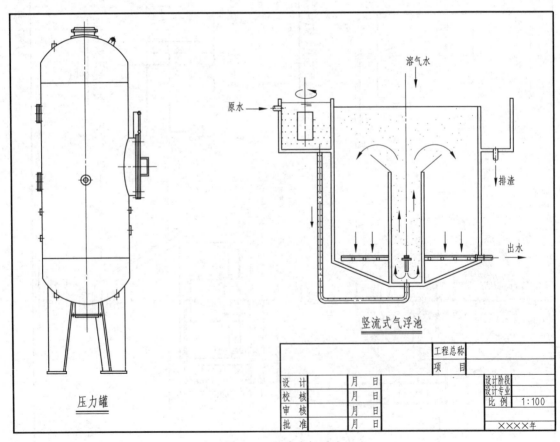

图 8-11 竖流式气浮池

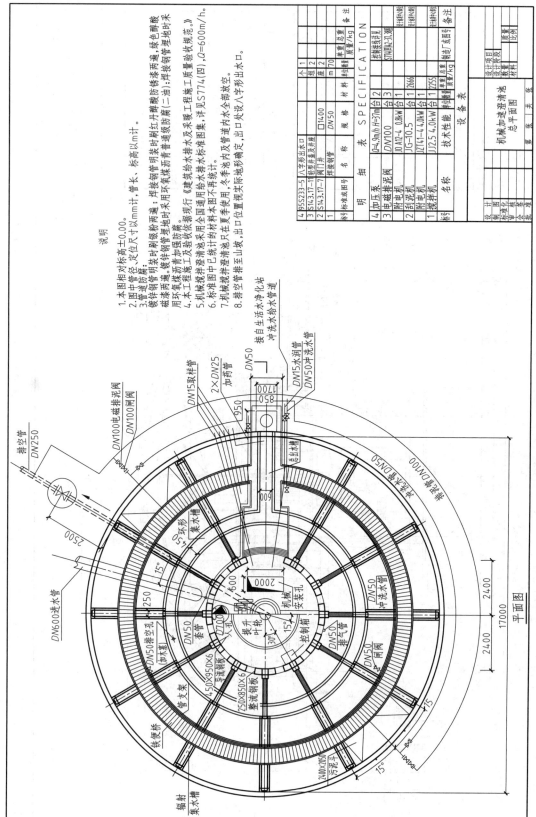

说明

1. 本图中相对标高±0.00。
2. 图中管径、定位尺寸以 mm 计，管长、标高以 m 计。
3. 管道防腐：焊接钢管明银粉两遍；焊接钢管明时刷红丹酚酸防锈漆两遍，绿色酚酸磁漆两遍；镀锌钢管埋地时来用环氧煤沥青加强级防腐，镀锌钢管埋地时来用环氧煤沥青加强级防腐。
4. 本工程施工及验收依据现行《建筑给水排水及采暖工程施工质量验收规范。》
5. 机械搅拌澄清来用全国统计的设备收据统计。
6. 标准图中已统计的材料本图再不统计。
7. 机械搅拌澄清池只在夏季使用，冬季视实际地形而定，出口处设八字形出水口。
8. 排空管排至山坡，出口位置视实际地形确定，出口处设八字形出水口。

图 8-12　澄清池 1

标准或通用图号	名 称	规 格	材 料			备 注
明　　细　　表　SPECIFICATION						
4 9S5233-5	八字形出水口			个 1		多根线接头
3 S143.17-1	轻型井盖及井座	□1400		套 2		上海院胶孔,孔圆距
2 S143.17-7	阀门井	DN50		套 3		
1	排接钢管			m 70		57刷1哪红,孔圆距
标号	名称	规格	材料	数量	单重 质量/kg	备注
设 备 表						
4 加压系	加压系	Q=4.9m³/h·H=37m		台 2		半接钢接接
3 电磁排泥阀	电磁排泥阀	DN100		台 3		半接钢接接
2 刮泥机	附泥电机	J0 A12-4　0.8kW		台 1		半接钢接接
2 刮泥机	刮泥机	JG-10.5	2666	台 1		半接钢接接
1 搅拌机	附电机	JZT141-4　4.0kW		台 1		半接钢接接
1 搅拌机	搅拌机	J12.5　4.0kW	1255	台 1		半接钢接接
标号	名称	技术性能	单重量/kg	数量	单重量/kg 总重量/kg	备注

设计				设计项目	机械加速澄清池
制图				设计阶段	总平面图
标准化				阶段	
审核				数量	第　张　共　张
审定				材料	质量　　比例

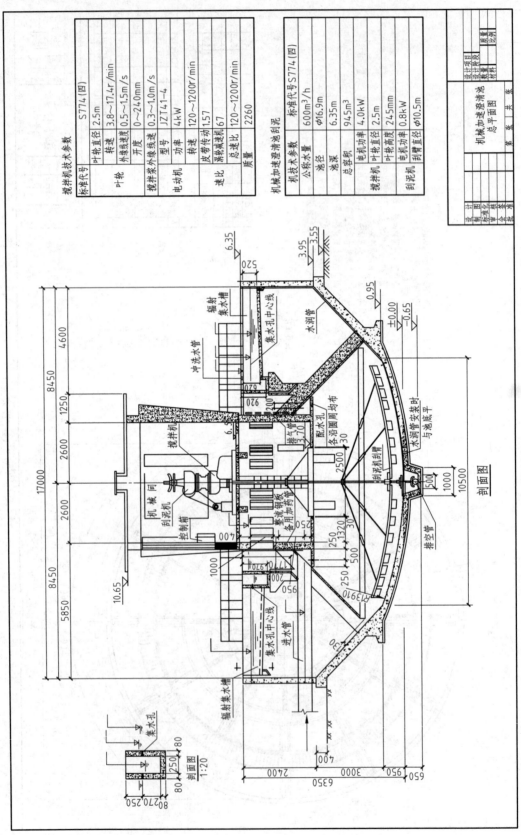

搅拌机技术参数

标准代号		S774(四)
叶轮	叶轮直径	2.5m
	转速	3.8～17.4r/min
	外缘线速度	0.5～1.5m/s
	开度	0～240mm
搅拌机	搅拌浆外缘线速	0.3～1.0m/s
电动机	型号	JZT41-4
	功率	4kW
	转速	120～1200r/min
	皮带传动	1.57
	涡轮减速机	67
	总速比	120～1200r/min
	质量	2260

机械加速澄清池刮泥机技术参数

标准代号		S774(四)
	公称水量	600m³/h
机技术参数	池径	Φ16.9m
	池深	6.35m
	总容积	945m³
搅拌机	电机功率	4.0kW
	叶轮直径	2.5m
	叶轮高度	245mm
刮泥机	电机功率	0.8kW
	刮臂直径	Φ10.5m

图 8-13 澄清池 2

(2) 电解槽　电解槽利用直流电进行溶液氧化还原反应，污水中的污染物在阳极被氧化，在阴极被还原或者与电极反应，转化为无害成分被分离除去。利用电解可以处理：各种离子状态的污染物，如 CN^-、AsO_2^-、Cr^{6+}、Cd^{2+} 等；各种无机物和有机耗氧物质，如硫化氢、氨、酚等；致病微生物。

(3) 臭氧氧化设备　臭氧是由三个氧原子组成的氧的同素异构体，通常为淡蓝色气体，高压下可变成深褐色液体。臭氧是一种氧化剂，具有极强的氧化能力。臭氧可使污水中的污染物氧化分解，常用于降低 BOD、COD，脱色、除臭、除味，杀菌、杀藻，除铁、除锰、除酚等。

臭氧发生器通常由多组放电发生单元组成，有管式和板式两类。目前制备臭氧的方法有无声放电法、放射法、紫外线辐射法、等离子射流法和电解法。水中常用的是无声放电法。

8.2.3　生化法污水处理设备

生化法污水处理设备就是能够提供有利于微生物生长、繁殖的环境，使微生物大量增殖，以提高微生物氧化、分解有机物能力的设备。它可以分为两大类——反应设备和附属设备，反应设备为微生物提供生长环境，以保证适当的温度、水流状态；附属设备为保证前者正常运行提供所需的各种条件，如曝气设备、搅拌设备、加热设备等。

(1) 生物滤池　生物滤池是以土壤自净的原理为依据，在污水灌溉的实践基础上发展起来的人工生物处理技术的强化，也是生物膜法的一种应用。进入生物滤池的污水需经过预处理去除悬浮物等可能堵塞滤料的污染物，并使水质均化，一般在生物滤池后设二沉池，以截留污水中脱落的生物膜，保证出水水质。生物滤池如图 8-14、图8-15所示。

(2) 氧化沟　氧化沟（oxidation ditch）又名连续循环曝气池（continuous loop reactor），是活性污泥法的一种变形。氧化沟污水处理工艺是在 20 世纪 50 年代由荷兰卫生工程研究所研制成功的。自从 1954 年在荷兰首次投入使用以来，由于其出水水质好、运行稳定、管理方便等技术特点，已经在国内外广泛应用于生活污水和工业污水的治理。

目前应用较为广泛的氧化沟类型包括：帕斯韦尔（Pasveer）氧化沟、卡鲁塞尔（Carrousel）氧化沟 、奥尔伯（Orbal）氧化沟、T 型氧化沟（三沟式氧化沟）、DE 型氧化沟和一体化氧化沟。这些氧化沟由于在结构和运行上存在差异，因此各具特点。图 8-16、图8-17主要介绍 Carrousel 氧化沟的结构与运行机理。

(3) 上流式厌氧反应器 UASB　上流式厌氧反应器（UASB）集生物反应器与沉淀池于一体，是一种结构紧凑的厌氧反应器，反应器主要由进水配水系统、反应区、三相分离器、出水系统、气室组成。上流式厌氧反应器如图 8-18 所示。

(4) 污泥浓缩池　污泥浓缩池（图 8-19）在重力作用下将污泥中的孔隙水挤出，从而使污泥得到浓缩，属于压缩沉淀类型，该方法适用于密度较大的污泥和沉渣。

8.2.4　物理化学法污水处理装置

吸附塔吸收塔是实现吸收操作的设备。按气液相接触形态分为三类。第一类是气体以气泡形态分散在液相中的板式塔、鼓泡吸收塔、搅拌鼓泡吸收塔；第二类是液体以液滴状分散在气相中的喷射器、文氏管、喷雾塔；第三类为液体以膜状运动与气相进行接触的填料吸收塔和降膜吸收塔。塔内气液两相的流动方式可以逆流也可并流。通常采用逆流操作，吸收剂从塔顶加入自上而下流动，与从下向上流动的气体接触，吸收了吸收质的液体从塔底排出，净化后的气体从塔顶排出。吸附塔如图 8-20 所示。

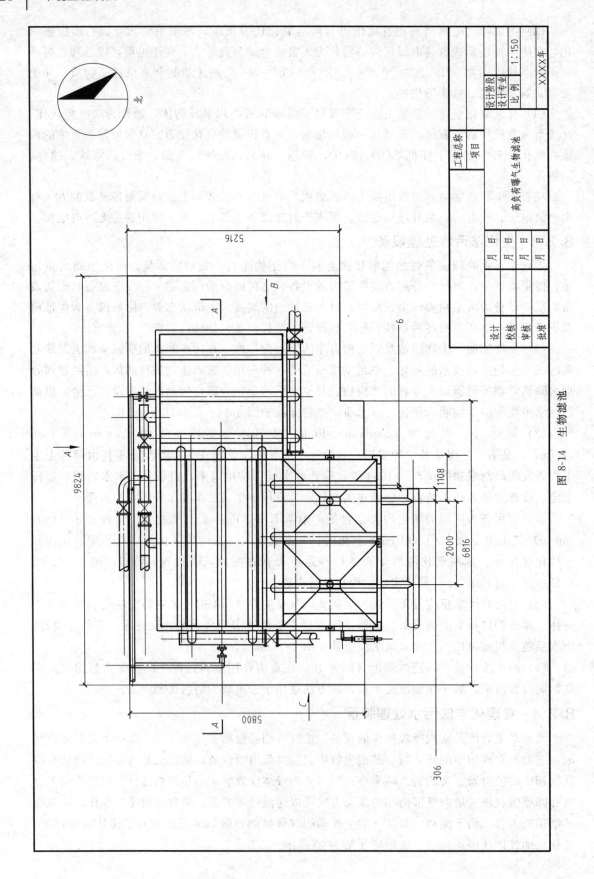

图 8-14 生物滤池

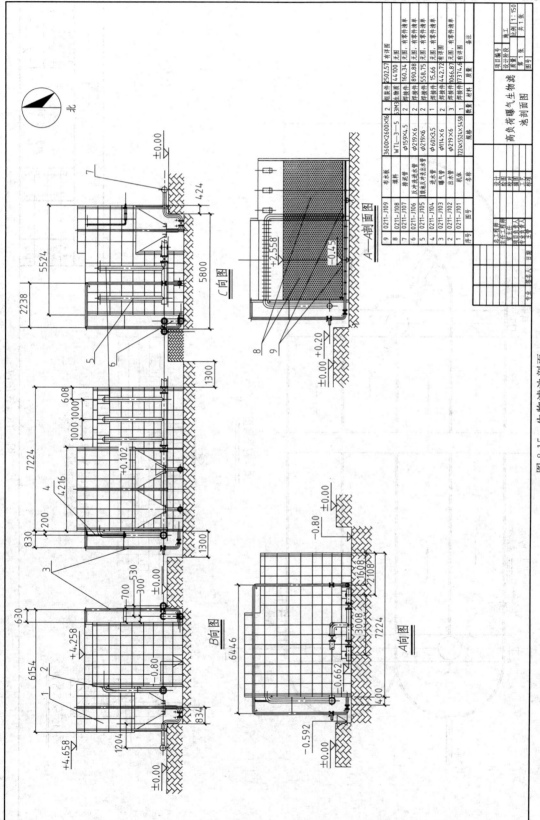

图 8-15　生物滤池剖面

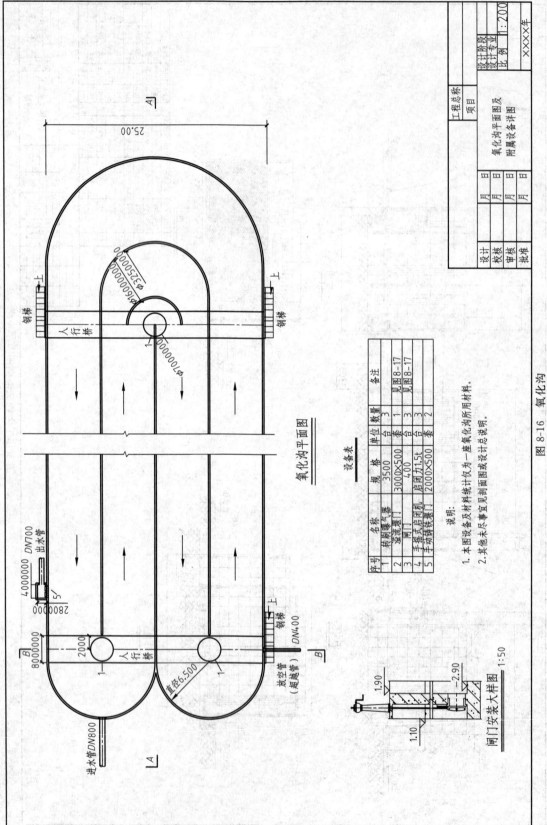

氧化沟平面图

设备表

序号	名称	规格	单位	数量	备注
1	转刷曝气器	3500	套	3	见图 8-17
2	溢流堰门	3000×500	台	1	见图 8-17
3	闸门	400	台	3	
4	手动式启闭机	启闭力1.5t	台	3	
5	手动铸铁堰门	2000×500	套	2	

说明:
1. 本图设备及材料统计仅为一座氧化沟所用材料。
2. 其他未尽事宜见剖面图或设计总说明。

闸门安装大样图 1:50

图 8-16 氧化沟

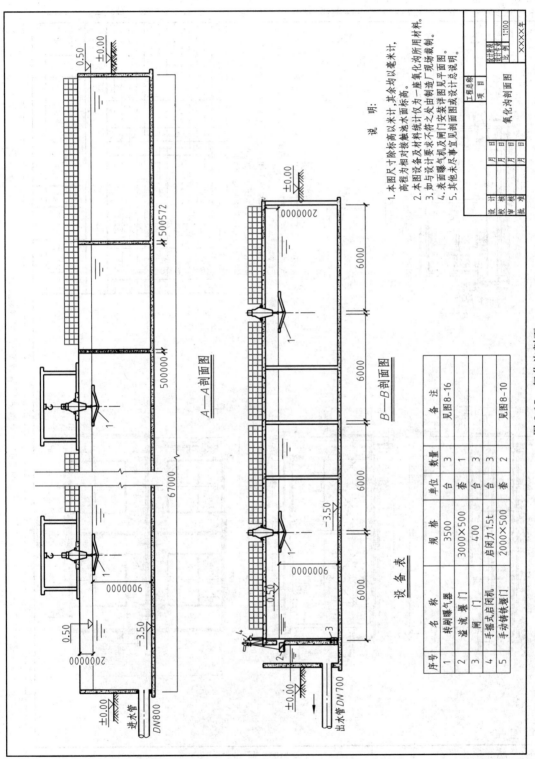

A—A剖面图

B—B剖面图

设备表

序号	名　称	规　格	单位	数量	备　注
1	转刷曝气器	3500	台	3	见图8-16
2	溢流堰门	3000×500	套	1	
3	闸　门	400	台	3	
4	手摇式启闭机	启闭力1.5t	台	3	
5	手动铸铁堰门	2000×500	套	2	见图8-10

说　明：

1. 本图尺寸除标高以米计，其余均以毫米计，高程为相对接触池水面标高。
2. 本图设备及材料统计仅为一座氧化沟所用材料。
3. 如与设计要求不符之处由制造厂现场裁制。
4. 表面曝气机及闸门安装详见平面图。
5. 其他未尽事宜见剖面图或设计总说明。

工程总称						设计制图		
项　目						设计专业		
								比例 1:100
								××××年
设　计		月	日					
校　核		月	日	氧化沟剖面图				
审　核		月	日					
批　准		月	日					

图 8-17　氧化沟剖面

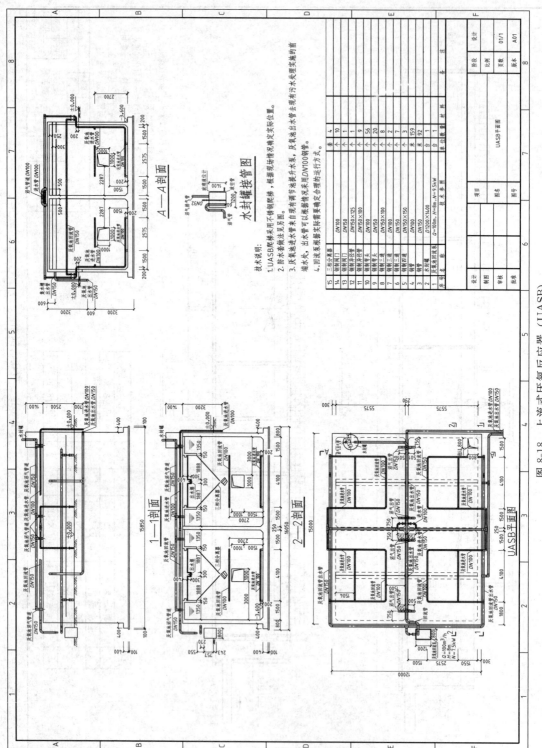

图 8-18 上流式厌氧反应器 (UASB)

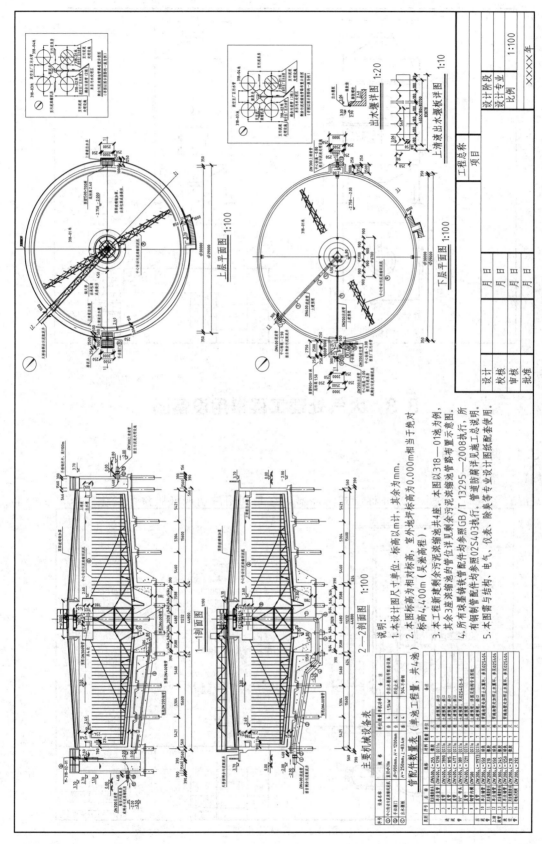

图 8-19　污泥浓缩池

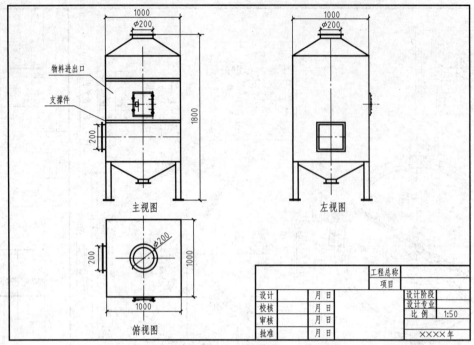

图 8-20　吸附塔

8.3　大气处理工程常用设备图

8.3.1　除尘设备

8.3.1.1　湿式除尘器

湿式除尘器（图 8-21）亦称湿式洗涤器，它是利用液滴或液膜洗涤含尘气流，使粉尘

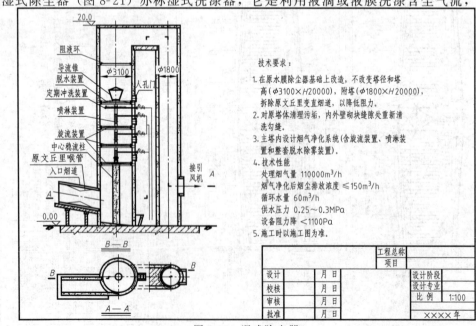

图 8-21　湿式除尘器

与气流分离沉降的设备。湿式除尘器既可用于气体除尘，也可用于气体吸收。湿式除尘器一般由捕集尘粒的净化器和从气流中分离含尘液滴的脱水器两部分组成。

8.3.1.2　袋式除尘器

袋式除尘器的除尘原理主要为含尘气流从下部进入圆筒性滤袋，在通过滤料的孔隙时粉尘被捕集于滤料上，透过滤料的清洁气体由排出口排出。沉积在滤料上的粉尘可以在机械振动的作用下从滤料表面脱落，落入灰斗中。袋式除尘器如图 8-22、图 8-23 所示。

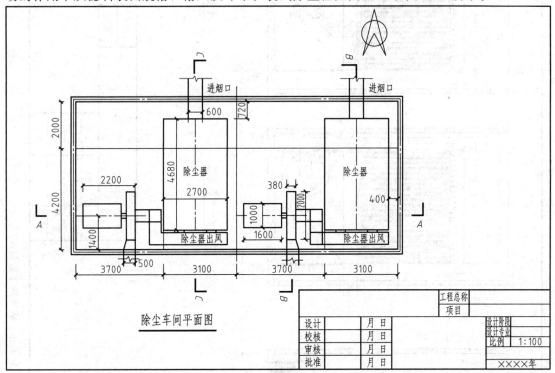

图 8-22　袋式除尘器

8.3.2　脱硫脱硝设备

烟气脱硫的大型脱硫装置称为脱硫塔，而用于燃煤工业锅炉和窑炉烟气脱硫的小型脱硫除尘装置多称为脱硫除尘器。在脱硫塔和脱硫除尘器中，对烟气中的 SO_2 进行化学吸收。脱硫塔如图 8-24 所示。

8.4　噪声控制常用设备

8.4.1　吸声材料

吸声材料一般在其表面、内部呈多孔状，且孔与孔相互连通，与周围的传声介质的声特性阻抗匹配，使声能无反射地进入吸声材料，由于空气与孔壁的摩擦阻力、空气的黏滞阻力和热导等作用，使入射声能绝大部分被转化为热能而消耗掉。

8.4.2　隔声材料

隔声材料（soundproof materials），是指把空气中传播的噪声隔绝、隔断、分离的一种材料、构件或结构。对于隔声材料，要减弱透射声能，阻挡声音的传播，就不能如同吸声材料那样多孔、疏松、透气，相反它的材质应该是重而密实的。

隔声罩（sound insulation encasing、acoustic enclosure）（图 8-25～图 8-28）是一种可

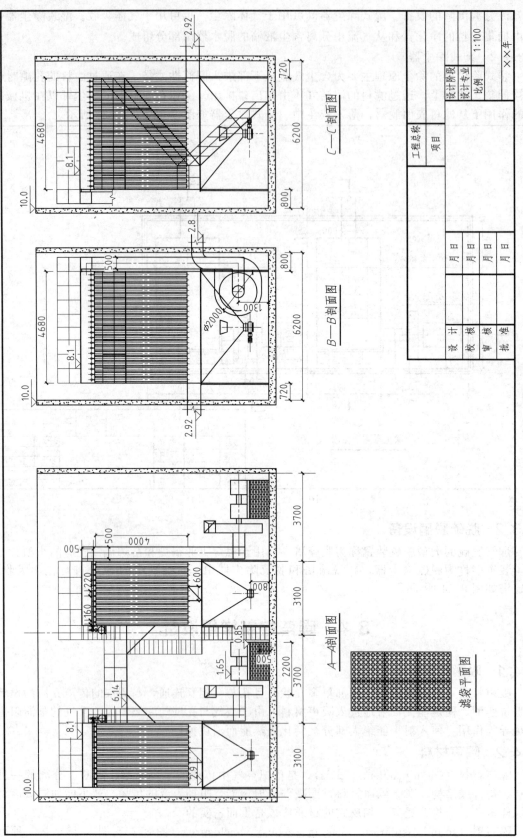

图 8-23 袋式除尘器剖面

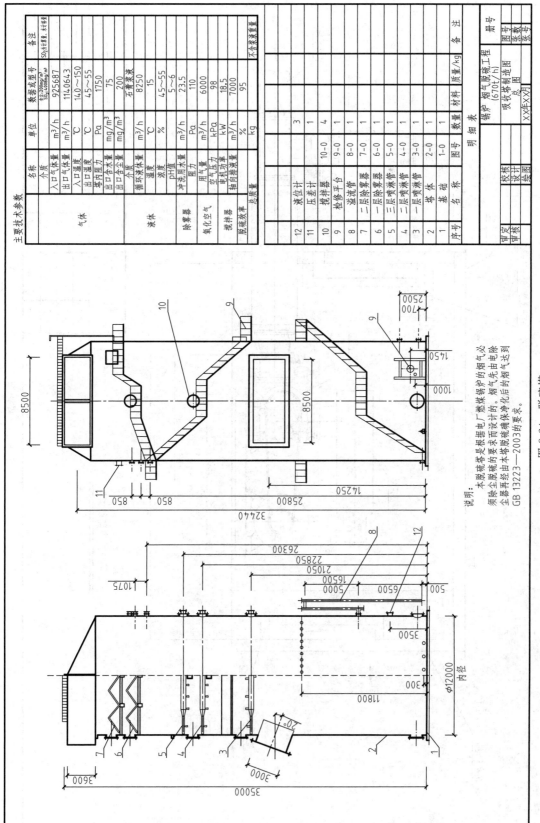

主要技术参数

	名称	单位	数据或型号	备注
气体	入口气体量	m³/h	925687	SO₂设计量、入口粉尘量
	出口气体量	m³/h	1140643	
	入口温度	℃	140~150	
	出口温度	℃	45~55	
	器内压力	Pa	1750	
	出口含水量	mg/m³	75	
	出口含尘量	mg/m³	200	
液体	循环液量	m³/h	8250	石膏浆液
	温度	℃	15	
	浓度	%	5~6	
	pH值		5~6	
除雾器	冲洗用水量	m³/h	23.5	
	压力	Pa	110	
氧化空气	用气量	m³/h	6000	
	空气压力	kPa	98	
搅拌器	电机功率	kW	18.5	
脱硫效率	轴向排液量	m³/h	7000	
总质量	脱硫效率	%	95	不含浆液重量

明细表

序号	名称	图号	数量	材料	质量/kg	备注
12	液位计		3			
11	压差计		1			
10	搅拌器	10-0	4			
9	检修平台	9-0	1			
8	溢流管	8-0	1			
7	二层除雾器	7-0	1			
6	一层除雾器	6-0	1			
5	三层喷淋管	5-0	1			
4	二层喷淋管	4-0	1			
3	一层喷淋管	3-0	1			
2	塔体	2-0	1			
1	基础	1-0	1			

锅炉烟气脱硫工程 (670t/h)
吸收塔制造图
总图
XX年XX月

说明：
本脱硫塔是根据电厂燃煤锅炉的烟气必须除尘脱硫的要求而设计的。烟气先由电除尘器再经由本塔脱硫净化后的烟气达到GB 13223—2003的要求。

图8-24 脱硫塔

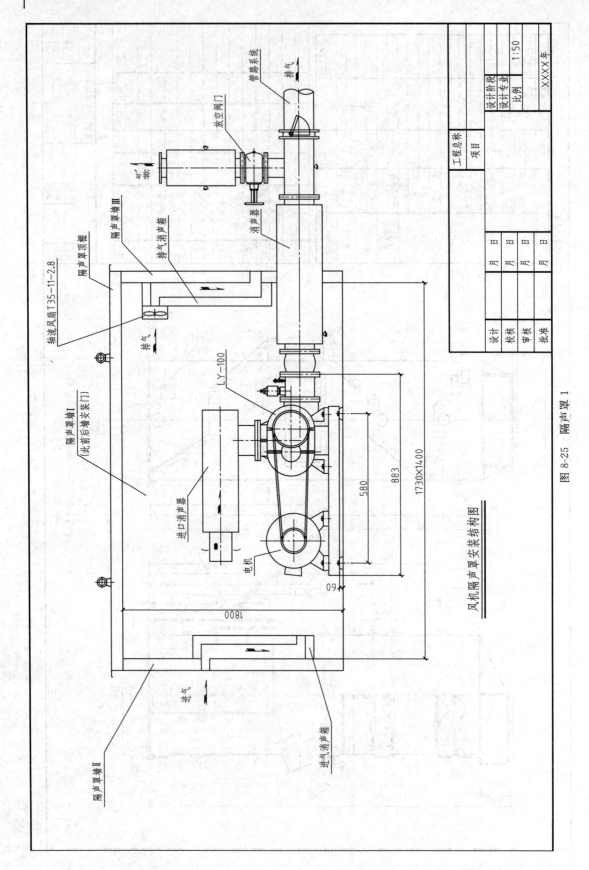

图 8-25　隔声罩 1

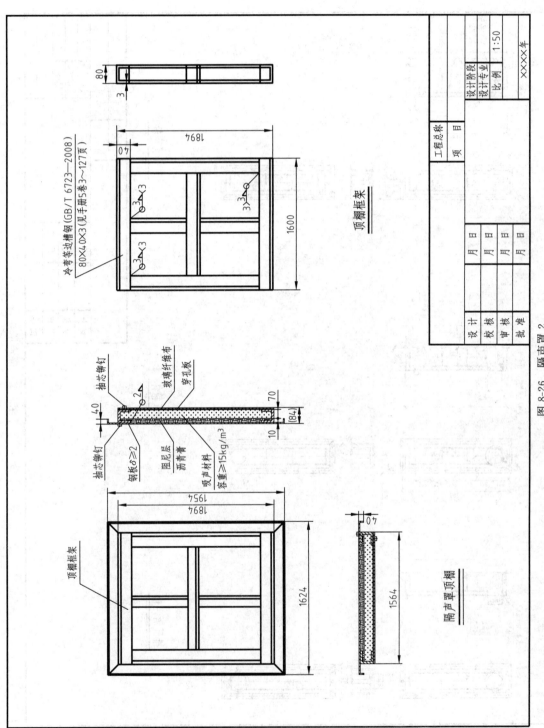

图 8-26 隔声罩 2

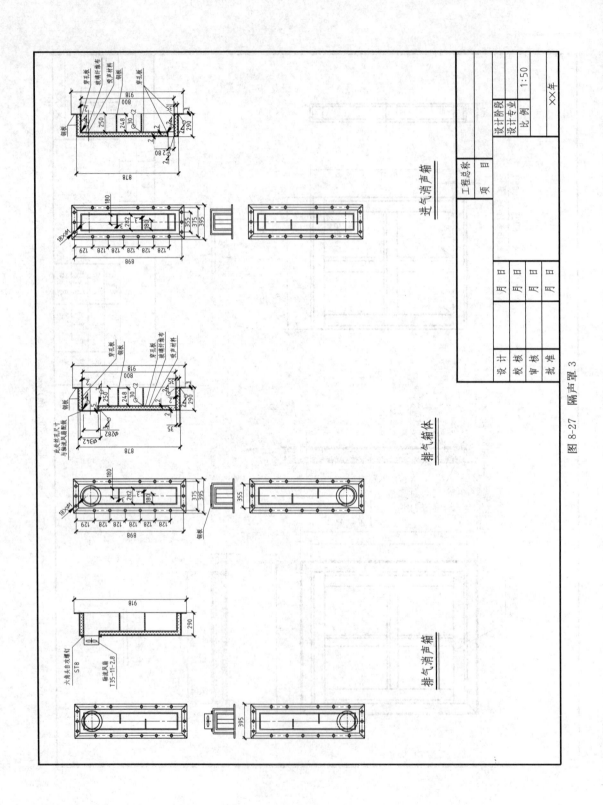

图 8-27　隔声罩 3

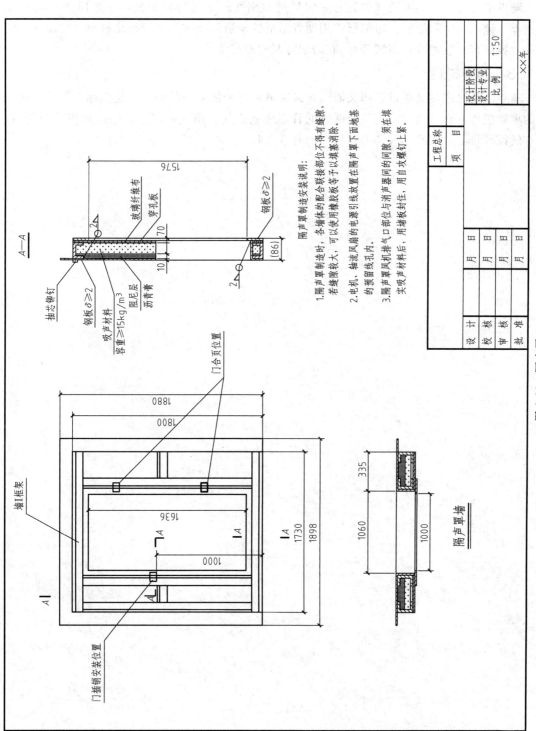

隔声罩制造安装说明：

1. 隔声罩制造时，各墙体的配合联接部位不得有缝隙，若缝隙较大，可以使用橡胶板等子以填塞清除。

2. 电机，轴流风扇的电源引线放置在隔声罩下面地基的预留线孔内。

3. 隔声罩风机排气口部位与消声器间的间隙，须在填实吸声材料后，用堵板封住，用自攻螺钉上紧。

隔声罩墙

图 8-28　隔声罩 4

取的有效降噪措施，它把噪声较大的装置封闭起来，可以有效地阻隔噪声的外传和扩散，以减少噪声对环境的影响。

隔声罩外壳由一层不透气的具有一定质量和刚性的金属材料制成，一般用 2～3mm 厚的钢板，铺上一层阻尼层。阻尼层常用沥青阻尼胶浸透的纤维织物或纤维材料（用沥青浸麻袋布、玻璃布、毡类或石棉绒等），有的用特制的阻尼浆。

8.4.3 消声材料

消声器是允许气流通过，却又能阻止或衰减声音传播的一种器件，是消除空气动力性噪声的重要措施。它一般安装在气流通过的管道中或进气、排气管口，能够阻挡声波的传播，允许气流通过，是控制空气动力性噪声的有效工具。

第9章　环境工程装配图

9.1　环境工程装配图概述

　　环境工程装配图是表达环境工程学所用到的设备的装配关系、零件连接方式以及工作原理的图样；同时，也是施工、生产中的主要技术文件之一以及机器进行装配、检验、安装和维修的主要依据。一般把表达某部件的图样称为部件装配图，表达整台机器的装配图为总装配图。齿轮泵装配实体图如图 9-1 所示。

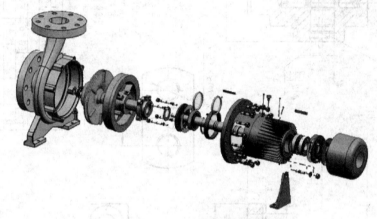

图 9-1　齿轮泵装配实体图

9.1.1　装配图的作用

　　在环境治理过程中，构筑物的设计、装配、检验、维修都要使用到装配图。环境构筑物或部件，在设计和生产流程中，通常要求先绘制出构筑物的装配图，再根据装配图完成零件的设计以及绘制出零件，最后按照零件图加工出遵循图纸规格的合格零件并依据装配图把各个零件装配成一个完整的机器。对于使用者而言，通常借助于装配图了解一般构筑物或部件的性能、作用原理和使用方法。总之，环境工程装配图是反映作者设计意图、指导构筑物或部件装配和工程技术交流的重要文件。

9.1.2　装配图的内容

　　(1) 一组视图　运用前几章所学的各种表达方法（如三视图、剖面图、断面图、局部放大图等），正确、清晰、完整地展现出机器或零部件的工作原理、装配关系、连接方式、结构形状等。图 9-2 为转子泵的装配图。图 9-3 为球阀的装配图。

　　(2) 必要尺寸　装配图中不必要标注出每个零部件的尺寸，对于能够反映机器或部件的规格、安装和装配过程中的尺寸，必须给予标注。

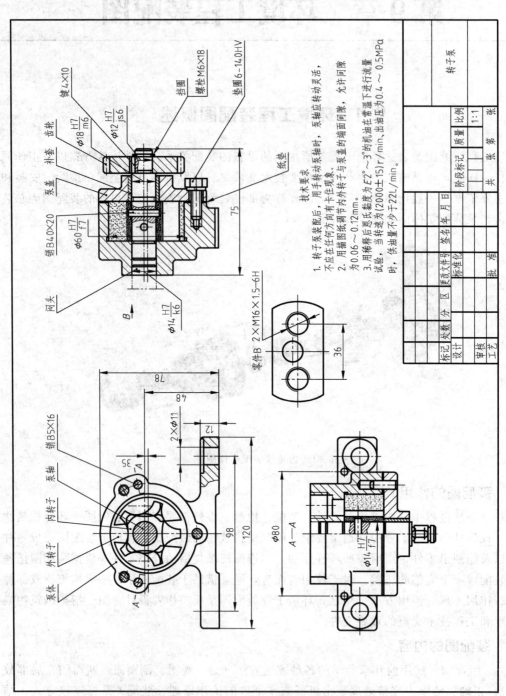

图 9-2 转子泵装配图

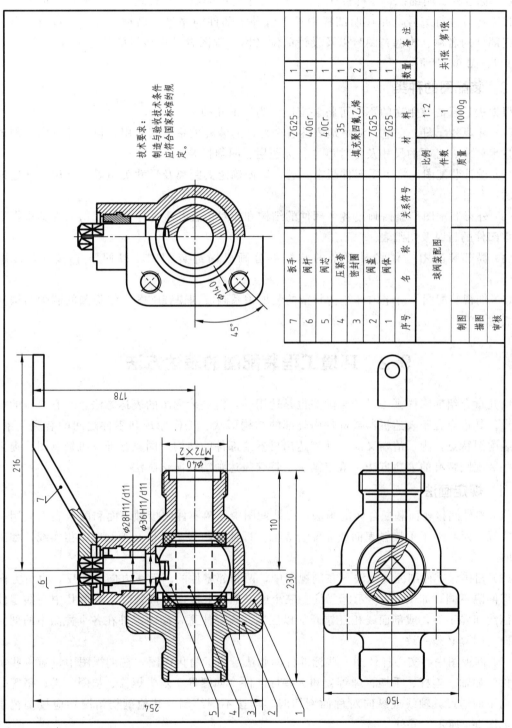

技术要求：
制造与验收技术条件应符合国家标准的规定。

序号	名称	关系符号	材料	数量	备注
7	扳手		ZG25	1	
6	阀杆		40Cr	1	
5	阀芯		40Cr	1	
4	压紧套		35	1	
3	密封圈		填充聚四氟乙烯	2	
2	阀盖		ZG25	1	
1	阀体		ZG25	1	

球阀装配图		比例	1:2	共1张 第1张
		件数	1	
制图		质量	1000g	
描图				
审核				

图 9-3　球阀装配图

（3）技术要求　用文字或符号注明对机器或部件的装配、调试、使用等方面的要求，以保证部件质量。

（4）标题栏、明细栏、零部件序号　为了便于生产的组织和管理，需按照一定的展现格式，将零部件进行编号，并在明细栏中填上各种零部件的序号、名称、数量、材料、质量等。把部件的名称、比例、图号以及设计单位名称、制图者、审核者的签名写在标题栏中，如图 9-2、图 9-3 所示。

9.1.3　装配图的种类

根据表达目的及用途的不同可将装配图分为以下几种。

（1）常规装配图　完整、清楚地表达各个部件的装配关系及其作用，包括外形图及剖视图、技术要求、必要的尺寸及零件序号、标题栏、明细栏等。

（2）设计装配图　将主要部件画在一起，以便确定其距离及尺寸关系等，常用来评定该设计的可行性。

（3）外形装配图　概括画出各个部件的结构和相对位置及零件序号，常用来为销售提供相应零部件的目录及明细表。

（4）局部装配图　仅将最复杂的装配部分画成局部装配图，以便于了解主要装配结构。

（5）剖视装配图　对于内部结构复杂的装配关系画成剖视装配图，使隐藏的装配结构清晰地表达出来。

9.2　环境工程装配图的表达方法

前几章介绍的图样画法对于装配图也是适用的，但是装配图的表达方法也有它自身的一些特点。其重点在于表达机器或部件内外部的结构形状、工作原理和零件之间的装配关系。针对装配图特点，为了清晰又简便地表达出机器或部件的结构，国家标准《机械制图》提出了一些装配图特有的表达方法：规定画法、特殊表达画法及简化画法。

9.2.1　规定画法

（1）零件间接触面和配合面的画法　在装配图中，两零件的接触表面和配合表面只用一条粗实线表示。对于不接触表面或非配合表面，即使间距很小，也必须画两条粗实线，如图 9-4 所示①②处。

（2）相接触零件剖面线画法　在剖视图中，两相邻零件的剖面线方向应相反，也可方向一致但间隔不同，如图 9-4 所示③④处。三个或三个以上零件相接触时，可使其中一些零件的剖面线间隔不等，或剖面线相互错开加以区别。需要注意，同一零件在各个视图中的剖面线方向与间隔必须一致。

（3）剖视图中心实心杆件和一些标准件的画法　为了简化作图，在剖视图中，对一些实心零件（如轴、连杆、手柄、球等）和一些标准件（如螺母、双头螺栓、垫圈、键、销等），若剖切平面通过其轴线或纵向对称面剖切时，均按不剖绘制。其他剖切情况均应按剖视绘制，如图 9-4 所示⑤⑥处。

9.2.2　特殊表达画法

（1）沿零件结合面剖切法　为了表达内部结构，可采用沿结合面剖切画法。如图 9-2 所

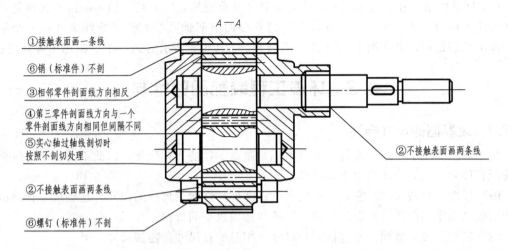

图 9-4　装配图规定画法示意图

示，该转子泵右视图就是沿泵盖和泵体的结合面剖切后画出的。结合面上不画剖面符号，被剖切的螺栓、销和泵轴要绘制剖面线。

（2）拆卸画法　在装配图的某一视图中，当某一个或几个零件遮住了大部分装配关系或其他零件时，可假想拆去其中一个或几个零件，只画出剩下部分的视图，同时需在该视图上方注明"拆去××"等字样。

（3）单独表示某一零件　在装配图中，当某个零件的结构形状在装配图中尚未表达清楚时，可用单独视图画出该零件。如图 9-2 中件的 A—A 向视图，单独表达了泵盖的左视图。

（4）夸大画法　在画装配图时，有时会遇到薄片件、细丝弹簧、微小间隙及小斜坡、小锥度等。按实际尺寸无法看出其结构时，这些结构可适当地采用夸大画法。例如图 9-3 球阀中调整垫的厚度，就可以采用夸大画法。

（5）假想画法　在画装配图时，为了表达与不属于本部件的其他相邻零部件之间的装配关系或安装关系，可用双点画线画出。如图 9-2 主视图中的双点画线表示了转子泵与机体的连接情况。

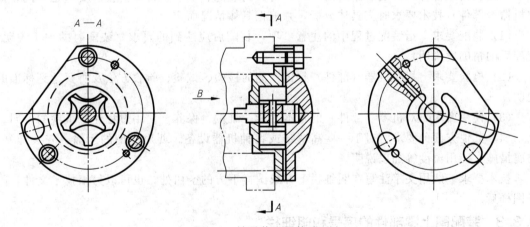

图 9-5　转子装配图特殊画法

（6）展开画法　在画装配图时，还会遇到某些重叠的装配关系，如多级传动变速器，欲表达齿轮传动顺序和装配关系，可以假想将重叠的空间轴系按其传动顺序展开在一个平面上，画出其剖视图，并在图上标注 $X—X$ 展开。如图9-5所示的 $A—A$ 就采用了展开画法。

9.3　环境工程装配图的绘制

9.3.1　装配图的尺寸标注

装配图主要用于产品的设计与装配，不是制造零件的直接依据，因此不需要注出每个零件的所有尺寸，而需要注出以下几种尺寸。

（1）性能、规格尺寸　它是表示机器（或部件）性能、规格的尺寸，这些尺寸在该机器设计前就已确定，因此也是设计机器、了解和选用机器的依据。

（2）装配尺寸　装配尺寸包括配合尺寸、相对位置尺寸和连接尺寸三类。

① 配合尺寸。它是表示两个零件之间有公差配合性质的重要尺寸，也是拆画零件图时，确定零件尺寸极限偏差的依据。如图9-3所示球阀装配图上的 $\phi28H11/d11$。

② 相对位置尺寸。它是装配机器时，需要保证的零件或部件间相对位置的尺寸。如图9-3所示球阀装配图中的 $\phi40$。

③ 连接尺寸。零件或部件间连接时所需的尺寸。

（3）安装尺寸　表达机器（或部件）安装时，与地基或其他机器或部件相连接时所需要的尺寸，如图9-3中 $M72\times2$ 为安装尺寸。

（4）外形尺寸　表示机器（或部件）外形轮廓大小的尺寸，即总长、总宽和总高，它还是包装、运输和安装过程所占空间大小的重要依据。如图9-3中的254等。

（5）其他重要尺寸　在设计时对实现装配体功用有重要意义的零件结构尺寸、运动件的极限尺寸以及为拆画零件图上注尺寸时，对装配图中的尺寸需要具体分析，然后再进行标注。

此外，一张装配图中有时也不全部具备上述五类尺寸。所以在装配图上标注尺寸时，必须根据机器（部件）的特点来确定。

9.3.2　技术要求

根据机器或部件的性能、用途的不同，对其的装配、安装、检测等技术要求也不同，拟定机器（部件）技术要求时应具体分析，并根据具体情况而定。

（1）装配要求　指装配过程中的注意事项，装配后应达到的要求（装配时的加工说明、装配后的精确度说明）。

（2）检验要求　指对机器（部件）整体性能的检验、试验、验收方法及所要达到标准的说明。

（3）使用要求　对机器（部件）的基本性能、维护、保养、使用过程注意事项的说明。

（4）其他方面的要求　对于一些高精密或特种机器设备，要对它们的运输、安装地基、防腐措施、使用温度等加以说明。

技术要求一般用文字注写在明细栏上方或图样下方的空白处，也可以另编技术文件，附于图样后。

9.3.3　装配图上零部件的序号和明细栏

装配图上所有的零部件都必须编注序号或代号，并填写明细栏，这样部件代号和明细栏的一一对应，便于读图、装配、图样管理以及做好生产准备工作。

（1）零部件序号

① 装配图上所有的零部件一般都要编写序号。具有相同规格、尺寸的部件可只编一个号。如图 9-2 所示，主要借助横线或圆圈（采用细实线）来实现标注。第一种方式是先在部件上画一小圆点，再用细实线引出到轮廓线的外边，终端画一横，序号填写在指引线的横线上或圆圈内，如图 9-6（a）、（c）所示；第二种方式是可以不画水平线或圆，在指引线附近直线注写序号，如图 9-6（b）所示；序号字体要比尺寸字体大一号。若零件很薄（或已涂黑）不宜画出圆点时，可以用箭头代替，如图 9-6（d）所示。

② 指引线尽量分布均匀，避免彼此相交，也不能过长。当通过剖面线区域时，指引线要避免与剖面线平行，必要时指引线可画成折线，但只允许曲折一次，如图 9-6（e）、（f）所示。

③ 对于一组紧固件并且装配关系清楚的零件组，可以采用公共指引线，如图 9-7 所示。

④ 装配图中的标准组件（如油杯、滚动轴承、电动机等）在图上被当作一个整体时，只编一个序号，与一般零件一同填写在明细栏内。

⑤ 序号或代号应沿水平或垂直方向，以顺时针或逆时针方向的顺序整齐排列，并尽可能均匀分布；标注序号时，为了使全图美观整齐，可先按一定位置画好横线或圆，然后再与零、部件一一对应，画出指引线，如图 9-2 所示。

⑥ 还可以将标准件的名称、规格、数量和国际号直接注写在图上而不再编写入序号之内。

（2）明细栏和标题栏　标题栏和明细栏的格式在国家标准中有统一规定，按国家标准 GB/T 10609.2—2009《技术制图　明细栏》的规定绘制。与此同时，一些企业也可以根据产品自行确定适合本企业的标题栏。

① 明细栏中所填序号应和图中所编写零件的序号一致。序号在明细栏中应自下而上按顺序填写。明细栏一般应绘制在标题栏的上方，如位置不够，可将明细栏紧接标题栏左侧画出，如图 9-2 所示。

② 对于标准件，在名称栏内还应注明规定标记和主要参数，并在代号栏中写明所依据的标准代号，如图 9-2 所示。

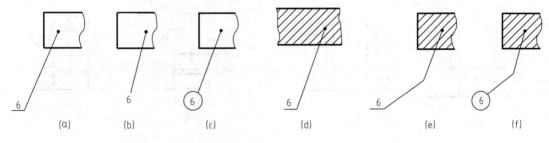

图 9-6　零件（部件）编号形式（一）

③ 在特殊情况下，当装配图中不能在标题栏的上方配置明细栏时，可以单独编写在另一张 A4 幅面上，其顺序由上而下延伸，还可连续加页。

9.3.4　常见装配结构

为保证机器或部件的性能，以及便于零部件的加工和拆装，在设计和绘制装配图过程

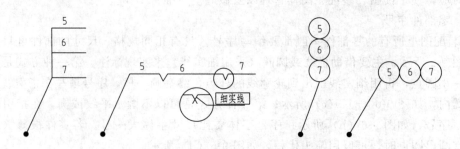

图 9-7　零件（部件）编号形式（二）

中，应考虑到装配结构的合理性。确定合理的装配结构，需要有丰富的实际经验，下面列举几例，仅供初学者参考。

① 当轴和孔配合，且轴肩与孔的端面需相互接触时，应在孔的接触端面上制成倒角，或轴肩根部切槽，以保证端面接触良好，如图 9-8 所示。

② 当两个零件接触时，在同一方向的接触或配合面应只能有一组接触，这样既可以满足装配要求，制造也方便，如图 9-9 所示。

③ 装配结构应考虑装拆与维修方便。采用螺栓连接，应考虑留出扳手的活动空间，并留下安装螺栓所需空间，如图 9-10 所示。滚动轴承装配过程中，为使滚动轴拆装方便，其轴肩高度应小于轴承内圈的高度。

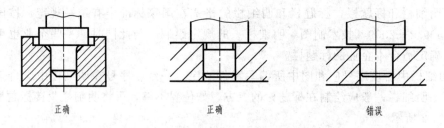

图 9-8　装配结构合理性（一）

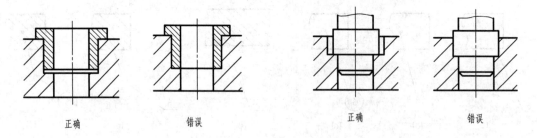

图 9-9　装配结构合理性（二）

9.3.5　画装配图的方法和步骤

9.3.5.1　拟定方案

前面曾讲到，装配图的一个来源是对机器（或部件）进行测绘，测绘过程中需画出机器（或部件）的装配示意图，并根据示意图来绘制装配图。如图 9-11 所示为铣刀头装配示

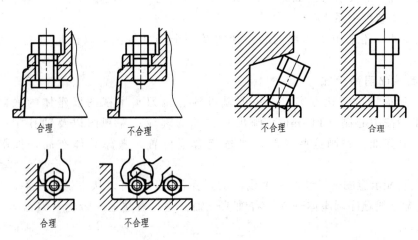

图 9-10　装配结构合理性（三）

意图。

下面以铣刀头为例介绍装配图的画法。

拟定表达方案：表达方案包括选择主视图，确定视图数量、表达方法并进行合理布局。

① 选择主视图。一般按机器（或部件）的工作位置摆放，并使主视图能表达机器（或部件）的工作原理、传动关系、零部件间主要的或较多的装配关系。为此，装配图常用剖视图表示。

② 确定视图数量和表达方法。根据部件的结构特点，在确定视图数量时，应同时选择合适的表达方法，然后对各个视图进行合理布局。

机器（或部件）上都存在着一条或几条装配干线，如球阀（图 9-3）在同一平面上有两条装配干线。为了清楚地表达这些装配关系，一般都通过装配干线的轴线取剖切平面，画出剖视图。为便于看图，各视图装配位置应尽可能符合投影关系。

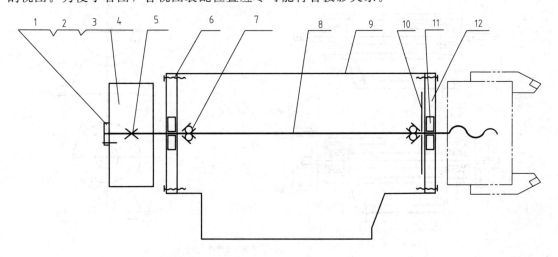

图 9-11　铣刀头装配示意图

1—轴端盖；2—螺钉；3—销；4—带轮；5—平键；

6—螺钉；7—轴承；8—轴；9—座体；10—调整片；

11—毡圈；12—端盖

铣刀头主视图的投射方向如图 9-11 所示，采用全剖视图表示其工作原理、传动关系以及零件间的主要装配关系。

除主视图外，还采用了局部剖的左视图及一个局部视图，以清楚地表达座体的结构形状。

9.3.5.2 画装配图的步骤

① 根据所确定的表达方案，画主要基准线。铣刀头主视图以座体的底面为高度方向主要基准，按中心高（115mm）画出孔、轴的轴线；左视图以及轴孔中心对称线为前后方向主要基准。在画这些线时，要选定合适位置，考虑总体布局，如图 9-12（a）所示。

② 参照装配示意图，沿装配主干线依次画齐各零件。可以从主视图入手，几个视图一起画。按装配干线顺序画座体→左、右轴承→轴→左、右端盖→带轮→刀盘等〔如图 9-12（b）、（c）〕。

③ 检查、加深、画剖面线，完成全图。

④ 标注尺寸，注出轴承内、外圈，带轮处的配合尺寸，相对位置尺寸 $\phi 98$、115 及安装尺寸 150、155。最后注出总体尺寸 190、388，见图 9-13。

⑤ 编写零、部件序号，填写明细栏、标题栏、技术要求，检查。

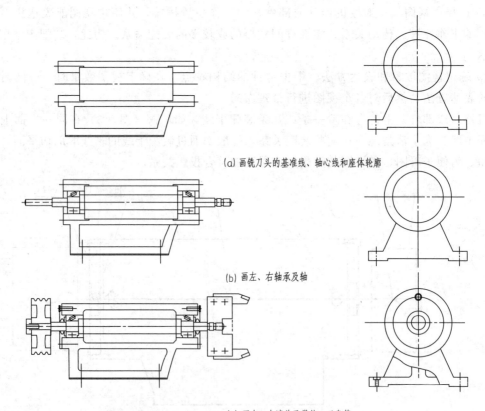

(a) 画铣刀头的基准线、轴心线和座体轮廓

(b) 画左、右轴承及轴

(c) 画左、右端盖及带轮、刀盘等

图 9-12　铣刀头装配图

铣刀头装配完整图如图 9-13 所示。

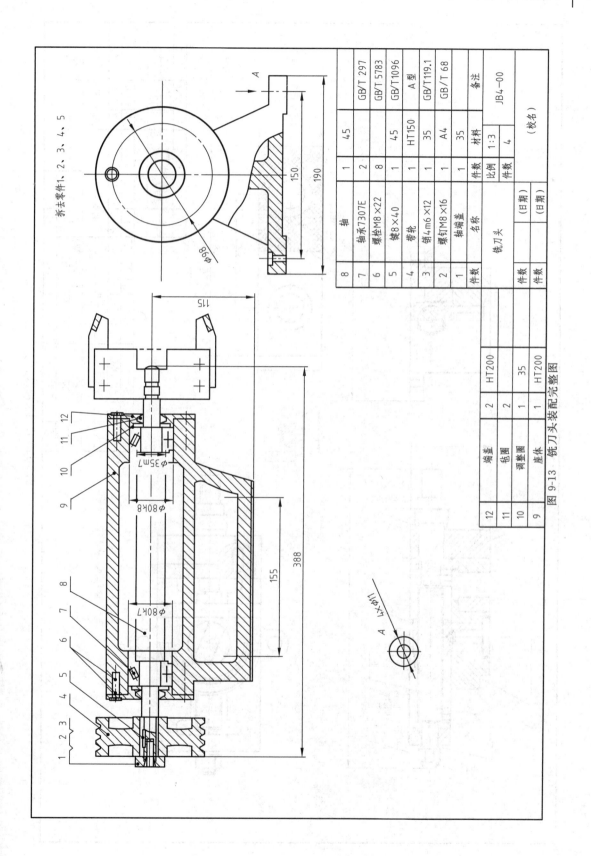

图 9-13　铣刀头装配完整图

12	端盖	2	HT200		
11	毡圈	2			
10	调整圈	1	35		
9	座体	1	HT200		
8	轴承7307E	1			GB/T 297
7	轴	1	45		
6	螺栓M8×22	2			GB/T 5783
5	键8×40	8	45		GB/T1096
4	带轮	1	HT150		A 型
3	销4m6×12	1	35		GB/T119.1
2	螺钉M8×16	1	A4		GB/T 68
1	轴端盖	1	35		
件数	名称	件数	材料		备注

铣刀头　JB4-00　比例 1:3　件数 4　（校名）

拆去零件1、2、3、4、5

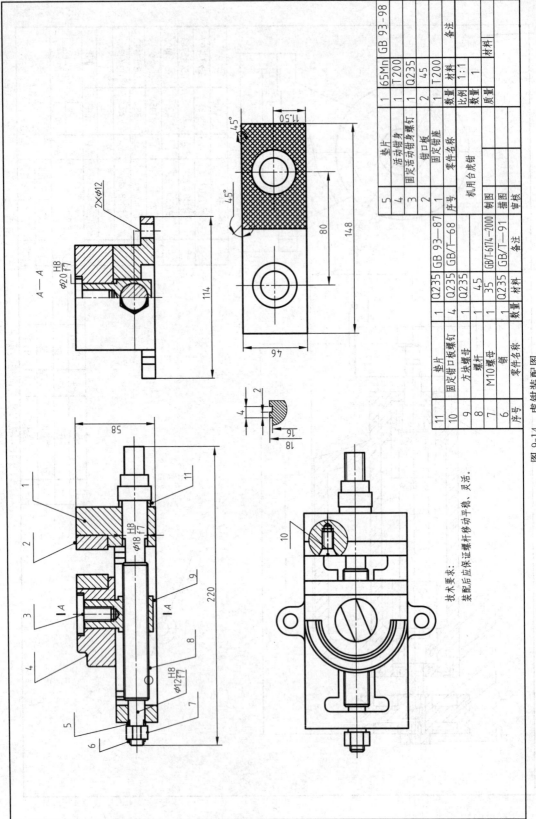

技术要求:
装配后应保证螺杆移动平稳、灵活。

图 9-14 虎钳装配图

11	垫片	1	Q235	
10	固定钳口板螺钉	4	Q235	GB 93—87
9	方块螺母	1	Q235	GB/T—68
8	螺杆	1	45	
7	M10螺母	1	35	GB/T-6174—2000
6	销	1	Q235	GB/T—91
序号	零件名称	数量	材料	备注

5	垫片	1	65Mn	
4	活动钳身	1	T200	
3	固定活动钳身螺钉	1	Q235	GB 93—98
2	钳口板	2	45	
1	固定钳座	1	T200	
序号	零件名称	数量	材料	备注

机用合虎钳			材料	
制图		比例	1:1	
描图		数量	1	
审核		质量		材料

9.4　环境工程装配图的阅读

9.4.1　读装配图的方法和步骤

9.4.1.1　概括了解

① 了解机器或部件的名称和用途，这些内容可以查阅明细栏和说明书。

② 了解标准零部件的名称与数量，对照零部件序号，在装配图上找到这些零部件。

③ 对视图进行分析，根据装配图上视图关系的表达情况，找出各个视图、剖视图、断面图等配置的位置及投射方向，从而搞清各视图的关系。

9.4.1.2　了解装配关系和工作原理

对照视图仔细研究机器或部件的装配关系和工作原理，这是读装配图的一个重要环节，也是读装配图的目的之一。在了解概况的基础上，分析各条装配干线，弄清楚各零件间相互配合的要求，以及零件间的定位、连接方式、密封等问题，再进一步搞清运动件与非运动件的相对运动关系及润滑方式等。经过上述的观察与分析，就可以对机器或部件的工作原理和装配关系有所了解。必要时也可查阅有关的技术资料和设计说明书。

9.4.1.3　分析零件，弄懂零件的结构形状

分析零件，以弄清每个零件的结构形状及其作用。一般先从主要零件着手，然后是其他零件。当零件在装配图上表达不完整时，可对有关的其他零件进行仔细观察和分析，然后再对该零件进行结构分析，从而确定其内外形状。

读装配图的基本要求如下：

① 了解部件的工作原理和使用性能。

② 清楚各零件在部件中的功能、零件间的装配关系和连接方式。

③ 读懂部件中主要零件的结构形状。

④ 了解装配图中标注的尺寸以及技术要求。

9.4.2　读装配图时需注意问题

读装配图时需注意以下几点。

① 部件的结构。部件由哪些零件组成，各零件的位置和定位方式，装配关系。

② 部件的功能。部件的功用、性能、工作原理、各零件的作用。

③ 部件的使用。部件的使用和调整方法。

④ 零件结构及装拆。各零件的结构，装、拆顺序和方法。

下面以图 9-14 所示的机用虎钳装配图为例，说明看装配图的方法和步骤。

（1）概况了解　首先通过阅读标题栏、明细栏和附加的产品说明书等有关技术资料，了解装配件的名称、用途等。然后根据视图数量、复杂程度，对装配件的形状、尺寸和技术要求有一个初步的感性认识。图 9-14 所示的机用虎钳是机床上夹持工件的部件，是由 11 种共 16 个零件装配而成的。

（2）分析表达方案　在概况了解的基础上再对图形进行进一步分析。了解有几个视图，各视图的名称、相互关系、所采用的表达方法，采用了哪些剖视、断面，根据标记找到剖切位置和范围，以及图中有什么表达方法等。

从图中可看出机用虎钳装配图采用了三个基本视图、一个局部视图、一个局部放大图。

主视图是全剖视图，剖切平面通过了虎钳装配干线。主要反映出各零件的相对位置、装配关系和工作原理。

（3）分析尺寸　分析装配图上的尺寸，对弄清部件的规格、零件间的配合性质和外形大小等有着重要的作用。图中虎钳口板宽度 80 为规格尺寸，220/148/46 是外形尺寸。虎钳底部通过两个 $2\times\phi12$ 的孔用螺栓固定在机床工作台上，这里的中心距 114 是安装尺寸。另外，$\phi12H8/f7$、$\phi18H8/f7$、$\phi20H8/f7$ 都是配合尺寸，表示两零件之间为孔制间隙配合，即相对运动关系。

（4）分析装配关系、传动路线和工作原理　阅读装配图的重要阶段是对照视图，分析传动路线，仔细研究部件的装配关系和工作原理。通过对各条装配干线的分析，并根据图中的配合尺寸等，搞清楚各零件之间的相互配合要求和运动零件与非运动零件的相对运动关系，尤其是传动方式、传动路线、工作原理以及重要零件的支撑、定位、调整、连接、密封等结构形式。

虎钳上螺杆的轴线是装配的主要干线。螺杆 8 旋进螺母 9 中内，螺杆两端的圆柱面与固定虎钳身的端面有着轴向定位的作用，如图 9-14 所示。

（5）分析零件的作用和结构形状　随着读图深入，进入分析零件阶段。分析零件的目的是弄清楚零件的结构形状和各零件间的装配关系。一台机器（或部件）上有标准件、常用件和一般零件。对于标准件、常用件，其形状一般容易弄清的，不必细看。一般零件有简有繁，作用和地位也各不相同，应先从主要零件开始分析。例如，有些复杂的主要零件，对照明细栏和图中编号，要以主视图为中心，结合其他视图，先分清大致范围，再利用投影规律和规定画法以及剖面线方向和间距的不同，在各视图上找到各零件的相应投影，并在对有关的其他零件仔细观察和分析之后，再进行结构构思分析，从而确定该零部件的结构形状。

（6）归纳总结　综合对装配图的各个视图、标注尺寸等分析，进一步了解工作原理、装配顺序、视图表达特点和所注尺寸的意义等，进而加深对整个装配部件的全面认识。

第10章　环境工程 CAD 绘图基础

10.1　计算机制图概述

1963 年，伊凡在麻省理工学院发表了一篇关于计算机图形学的博士论文，这标志着这一学科的诞生，作为几十年来随着科学技术的发展而产生的新兴的学科，计算机图形学广泛应用于环境工程设计、汽车设计与制造、机械、电子、服装、石油等行业。此前的计算机主要运用符号处理系统，随着计算机图形学的发展，其应用的领域逐渐广泛，规模逐渐庞大。

随着计算机技术的不断发展，计算机技术进行辅助绘图的技术也不断进步，使得绘图发生了革命性的变化，本章的内容主要是使用绘图软件 CAD 进行计算机绘图的常用方法。

环境工程设计上会用投影图的方式来表达所运用的实物，它准确地表达出了其形状和结构，计算机的技术发展越来越成熟以后，计算机绘图普遍应用起来，在产品和设计中有很大的优越性，不仅能够多角度地进行结构观察，还可以进行各类力学分析、仿真以及投影分析，这是未来发展的方向。

10.1.1　硬件构成

计算机绘图的硬件系统主要包含：计算机主机、显示器、图形输入设备（鼠标、键盘、图形输入板和扫描仪等）以及图形输出设备等。随着技术的发展，计算机硬件系统在运行速度、精度以及存储量等方面已经能够充分满足计算机绘图的需求。

另外，在一些大型的科研单位的工作站系统，它们的中央处理器的功能会更加强大，内外存储量也会更大，这为大规模、大数量的绘图工作提供了基础以及更好的工作环境。

10.1.2　计算机绘图软件

对于一个计算机绘图系统来说，除了完善的硬件设备，还必须具有性能优越的软件系统。目前在我国的企业科研单位使用的各式各样的软件系统就有几十种之多，根据不同的性能及应用领域大致可以分为以下几类。首先是常用的绘图软件，比如 Photoshop Adobe Image，用于绘制简单动画，Coreldraw 和 Freehand 功能差不多，都是绘制矢量图。AutoCAD 是专业设计工程软件，可用于制作机械、建筑等施工图纸，二维图形、三维图形甚至动画。其次是三维绘图软件，比如 Solidworks、Inventor、SolidEdge 等是常用的 3D 设计软件。另外还有大型集成化设计绘图软件。如美国 PTC 公司的 Pro/Engineer、法国达索公司的 CATIA 等，它们都是在高档的图形工作站内，功能种类复杂繁琐，应用于不同的场所。

以下主要介绍在国内外工程上应用较为广泛的一种绘图工具——AutoCAD。AutoCAD 是美国一家公司开发的交互式绘图软件系统。该系统于 1982 年首次研发出来，经历了几十年的应用完善，它的功能不断增强，现在成为世界上最为流行的图形软件之一。

10.2 绘图环境设置

与手工画图相比较,使用 CAD 的优点就是效率高、操作方便。为了使 CAD 能提供更多画图的辅助手段,我们需要学习绘图环境及其应用,借此可以进行坐标、捕捉、极轴追踪、对象捕捉,另外还可以借助图层进行各种图形元素分类管理,调整视图的大小、方位,并且进行定位点等工作。

合适的绘图环境大大简化了绘图的修改工作,因此可方便地管理和使用图形。本节内容主要涵盖环境设置的各方面知识,包括了绘图的单位、图层、颜色、线宽等。通过本节的学习我们可以掌握绘图设置方法,并养成良好的图形绘制习惯。在图形绘制方面,综合运用绘图的环境和辅助工具。

10.2.1 命令执行方法

CAD 所有的功能都可以根据命令的执行来完成,人们把命令称为 CAD 的核心部分,接下来介绍一下关于命令的不同种类。

首先,下拉式菜单选择命令名。通过菜单栏里不同的命令名称,选择需要的命令名执行命令。

其次是通过键盘直接输入命令名。在绘图工具下面的命令提示区出现提示时,从键盘上键入命令名,然后按回车键完成输入。

另外,选择工具栏进行命令名的选择。当然,无论用何种方式启动命令,计算机都会以同样的方式运行程序,用户可以根据系统命令的提示信息或者是屏幕的对话框进一步设置。

透明使用命令,在运行其他命令时需要同时进行输入并执行这样的命令,该命令多为修改图形设置的命令。透明使用命令时,如使用键盘键入,应在输入命令之前输入单引号,如使用鼠标则可直接在工具栏找到。

最后是关于命令的中断、撤销操作。①按 [ESC] 键,中断正在执行的命令。②使用工具栏上的"放弃"或者是"undo"命令,可以一次放弃多步操作。③单击工具栏上的"重做"按钮,可以恢复已撤销的操作,还可以使用"redo"命令来进行重做的最后一步操作。

10.2.2 数据输入方法

10.2.2.1 键盘直接键入法

① 相对坐标输入法。按相对于当前的用户坐标系的坐标原点的坐标,一些情况下是最后一点相对于前一点的距离,需要采用相对坐标系进行点的键入。

② 直角坐标输入法。

③ 极坐标输入法。

10.2.2.2 对象捕捉法

用此方法可以捕捉现存图形中特定的几何点,比如交点、端点、圆心、切点、插入点、中心点和节点等。对象捕捉有以下两种方法。

① 提前预设法,按鼠标右键选择设置来激活"草图设置"对话框,并在对话框中的"对象捕捉"选项中选择对象捕捉模式。在使用过程中可以有多种方式打开对象捕捉模式,但我们不能使用过多的模式来打开,因为多的模式会相互影响,这样容易造成混乱,引发干

扰。可以使用［TAB］键进行各个模式之间的切换。

② 指定法，当执行某个命令进行输入时，临时先指定某个对象捕捉模式，然后将光标移动到捕捉目标上，当出现所需要的捕捉对象符号时，用鼠标左键点击"确定"，即可捕捉到所需要的指定点。

10.2.2.3 鼠标舍取法

在进行图形绘制时，可以运用鼠标进行光标移动，移动到所需的位置，按下鼠标左键确认，找到所需的点。可以通过网格捕捉功能来准确进行定位，打开捕捉模式，光标在指定的坐标位置上移动，按下鼠标左键，光标会自动锁定到最近的网格上，进而输入点的坐标值以符合所设间距的要求。

10.2.2.4 自动追踪舍取法

利用自动追踪进行操作绘图时，按指定的角度进行对象绘制，或绘制与其他有特定关系的对象。当自动追踪打开时，屏幕就会显示"对齐路径"，在绘图时就可以准确地创建对象，方便合理正确地绘制图形。

10.2.3 图形单位设置

在绘图的时候，会有大小及单位的要求，在屏幕上作图是不涉及单位的，到了图形输出时，才会考虑单位。在实际的工程图形绘制中，一般是以实际尺寸作图，也就是使用的尺寸数字与实际相同，一般以米为单位。不同的单位其最后的显示格式也是不相同的。

启动图形单位的方法有选择"格式"—"单位"菜单命令，另外还有输入命令："units"。

执行上面任一命令后，打开"图形单位"对话框，该对话框中包括"长度"、"角度"、"插入比例"和"输出样例"4 个方面的设置。在"长度"栏中的"精度"下拉列表中设置精度，通常设置小数点后 4 位精度作为默认精度标准。

10.2.4 图形界限设置

绘图界限又称为绘图范围，它用于限定绘图工作区和图纸边界。通常用户可用以下两种方式设置绘图界限。

菜单：选择"格式"—"图形界限"命令。输入命令：键入"limits"。

操作步骤如下。

① 执行上述任一操作后，启动设置绘图界限命令，系统将在命令行中依次显示。

命令：limits　　　　（键入并执行设置绘图界限命令）

重新设置模型空间界限：　　　　（系统提示信息）

指定左下角点或［开(ON)/关(OFF)］＜0.0000,0.0000＞：［提示输入左下角坐标,回车默认为(0,0)］

指定右上角点 ＜420.0000,297.0000＞：［提示输入右上角坐标,回车默认(420,297)］

② 设置完成后，系统将以此值为边界来设定绘图界限。

提示：为了便于查看绘图界限的设置情况，可点选状态栏中的"栅格显示"，绘图范围将以栅格形式显示在屏幕上。

10.2.5 图形设置的基本规定

(1) 设置图幅尺寸　启动"limits"命令，设置图形界限，上文已有介绍。

(2) 设置图幅　点击相关图标，或是键入"zoom"命令，将所设置图幅显示在屏幕。

(3) 图层、颜色、线型的设置　点击菜单上的"格式"—"图层"，打开"图层管理器"

对话框，新建"细点画线"层和"细虚线"层，分别设置颜色、线型等。

（4）线型比例因子设置　绘图设置时，需要加载线型，除了软件提供实线线型外，还有许多包括间隔、断线及点的非连续性的线型，图形的尺寸不同，绘制过程中的设置也不一样。

（5）文字字型设置　文字样式是一组可随图形保存的文字设置的集合，这些设置包括字体、文字高度以及特殊效果等。浩辰 CAD 软件为用户提供了文字面板，通过该面板用户可以方便地进行各种与文字相关的操作，CAD 快捷键的使用能够加快编辑速度。

图纸中可以包含多个文字样式，每种样式都指定了这种样式的字体、字高等。在使用 CAD 画施工图时，除了默认的 Standard 字体外，一般只有两种字体定义。一种是常规定义，字体宽度为 0.75。一般所有的汉字、英文字都采用这种字体。第二种字体定义采用与第一种同样的字库，但是字体宽度为 0.5。这一种字体，是在尺寸标注时所采用的专用字体。因为，在大多数施工图中，有很多细小的尺寸挤在一起。这时候，采用较窄的字体，就会减少很多标注相互重叠的情况。当然，在某些行业也可以灵活变化，根据需要可以适量增加几种字体样式，但不宜过多。

10.3　绘图显示控制

在绘制或编辑图形时由于屏幕大小及绘图区域限制，需要频繁移动绘图区域，绘图区域控制解决了这样的问题。通过显示控制查看整体修改效果，放大或者缩小所绘制图形，平移显示窗口来观察不同位置。

10.3.1　图形缩放

图形显示缩放只是将屏幕上的对象放大或缩小其视觉尺寸，执行显示缩放后，对象的实际尺寸仍保持不变。用缩放命令，可以放大图形的局部细节，或缩小图形观看全貌。图形缩放常用以下两种方法。

首先是利用 zoom 命令实现缩放：

① 绘制的图形超出绘图区域，无法显示全部时，可在命令行中输入 zoom。命令：zoom。

② 指定窗口的角点，输入比例因子（nX 或 nXP）。

③［全部（A）/中心（C）/动态（D）/范围（E）/上一个（P）/比例（S）/窗口（W）/对象（O）］＜实时＞：a(选择 A,全部显示选项)，可见图形在屏幕中全部显示出来。

其次是利用菜单命令或工具栏实现缩放：

① AutoCAD 提供了用于实现缩放操作的菜单命令和工具栏按钮，利用它们可以快速执行缩放操作。

② 选择"视图"菜单，点击"比例"、"放大"和"缩小"等命令，可以快速执行缩放。

③ 单击"缩放"工具栏，利用它们可实现对应的缩放。

10.3.2　图形移动

在绘图过程中对于视图的移动命令，可以使用以下方法来解决。

在"标准"工具栏内的菜单中选择"视图"—"平移"命令。

输入命令：pan。

平移可以分为以下两种。实时平移：当光标出现手形时，按住鼠标移动来移动。另外还有定点平移：绘图时输入两个点，视图按照绘制的亮点的直线移动。

10.3.3　栅格操作

CAD 软件中的栅格功能常被认为是无用的，但熟练使用捕捉和栅格功能，对提高绘图的速度和效率很有帮助。例如建筑图中绘制轴线、墙体、梁等有固定长宽的图元，机械图中的板、孔、槽等都可以通过捕捉和栅格来辅助绘图，提高效率。在进行栅格操作时需要注意的主要是以下几点。

① 栅格间距设置得太密时，系统将提示该视图中栅格间距太小不能显示。图形缩放太大，栅格点也可能显示不出来。

② 在任何时间切换栅格的打开或关闭，单击设置工具条的栅格工具或按 [F7]，还可双击状态栏中的"栅格"。

③ 栅格中的点只是作为一个定位参考点被显示，它不能用编辑实体的命令进行编辑，也不会随图形输出。

栅格间距的设置可通过执行"settings"命令，或者下拉菜单"工具"→"草图设置"，从弹出的"草图设置"对话框完成。用户能为捕捉间距和栅格间距强制指定同 X 和 Y 间距值，指定主栅格线相对于次栅格线的频率，限制栅格密度和控制栅格是否超出指定区域等功能。

可以通过执行"grid"命令来设定栅格间距，并打开栅格显示，"grid"命令可按用户指定的 X、Y 方向间距在绘图界限内显示一个栅格点阵。栅格显示模式的设置可让用户在绘图时有一个直观的定位参照。当栅格点阵的间距与光标捕捉点阵的间距相同时，栅格点阵就形象地反映出光标捕捉点阵的形状，栅格点阵同时直观地反映出绘图界限。

10.3.4　正交功能

绘图过程中，单击状态栏的"正交"，可利用正交功能，方便地绘制当前坐标系的 X 轴和 Y 轴的平行线段，以便迅速完成正交功能。

10.3.5　对象捕捉

绘图过程中调用对象捕捉功能的方法非常灵活，包括旋转"对象捕捉"工具栏中的相应按钮、设置"草图设置"对话框、使用对象捕捉快捷菜单以及启用自动捕捉模式等。

使用捕捉工具栏命令按钮来进行对象捕捉 。打开"对象捕捉"工具栏的操作步骤是：在系统的工具栏区右击，从弹出的快捷菜单中选择"对象捕捉"命令。

在绘图过程中，指定一个点时，可单击该工具栏中相应的特征点按钮，再把光标移到要捕捉对象上的特征点旁边，即可捕捉到该特征点。

① 临时追踪点：通常与其他对象捕捉功能结合使用，用于创建一个临时追踪参考点，然后绕该点移动光标，即可看到追踪路径，可在某条路径上拾取一点。

② 捕捉自：通常与其他对象捕捉功能结合使用，用于拾取一个与捕捉点有一定偏移量的点。

③ 捕捉端点：可捕捉对象的端点，包括圆弧、椭圆弧、多段线段、直线线段、多段线的线段、射线的端点以及实体及三维面边线的端点。

④ 捕捉交点：可捕捉两个对象的交点，如果是按相同的 X、Y 方向的比例缩放图块，则可以捕捉图块中圆弧和圆的交点。若要使用延伸交点模式，必须明确地选择一次交点对象

捕捉方式，然后单击其中一个对象，之后系统提示选择第二个对象，单击第二个对象后，系统将立即捕捉到这两个对象延伸所得到的虚构交点。

⑤ 捕捉中点：可捕捉对象的中点，包括圆弧、椭圆弧、多线、直线、多段线的线段、样条曲线、构造线的中点，以及三维实体和面域对象任意一条边线的中点。

⑥ 捕捉外观交点：捕捉两个对象的外观交点，这两个对象实际上在三维空间中并不相交，但在屏幕上显得相交。可以捕捉由圆弧、圆、椭圆、椭圆弧、多线、直线、多段线、射线、样条曲线或参照线构成的两个对象的外观交点。

⑦ 捕捉延长线：可捕捉到沿着直线或圆弧的自然延伸线上的点。若要使用这种捕捉，须将光标暂停在某条直线或圆弧的端点片刻，系统将在光标位置添加一个小小的加号，以指出该直线或圆弧已被选为延伸线，然后在沿着直线或圆弧的自然延伸路径移动光标时，系统将显示延伸路径。

⑧ 捕捉圆心：捕捉弧对象的圆心，包括圆弧、圆、椭圆、椭圆弧或多段线弧段的圆心。

⑨ 捕捉象限点：可捕捉圆弧、圆或多段线弧段的象限点，象限点可以想象为将当前坐标系平移至对象圆心处时，对象与坐标系正 X 轴、负 X 轴、正 Y 轴、负 Y 轴四个轴的交点。

⑩ 捕捉插入点：捕捉属性、形、块或文本对象的插入点。

⑪ 捕捉节点：可捕捉点对象。

⑫ 捕捉最近点：捕捉在一个对象上离光标最近的点。

⑬ 无捕捉：不使用任何对象捕捉模式，即暂时关闭对象捕捉模式。

⑭ 捕捉切点：捕捉对象上的切点。在绘制一个图元时，利用此功能，可使要绘制的图元与另一个图元相切。当选择圆弧、圆或多段线弧段作为相切直线的起点时，系统将自动启用延伸相切捕捉模式。

⑮ 捕捉垂足：捕捉两个相垂直对象的交点。当将圆弧、圆、多线、直线、多段线、参照线或三维实体边线作为绘制垂线的第一个捕捉点的参照时，系统将自动启用延伸垂足捕捉模式。

⑯ 捕捉平行线：用于创建与现有直线段平行的直线段。

在绘图时，当系统要求用户指定一个点时，可按 [Shift] 键并同时在绘图区右击，弹出对象捕捉快捷菜单。在该菜单上选择需要的捕捉命令，再把光标移到要捕捉对象的特征点附近，即可以选择现有对象上的所需特征点。

10.4　基　本　绘　图

10.4.1　点的绘制

① 设置点样式。在 CAD 中，可以绘制单独点的对象作为绘图的参考点。在绘制点的时候，要知道绘制什么样的点以及所绘制点的大小，因此需要设置点的样式。选择"格式"—"点样式"菜单命令，用户可在弹出的对话框中进行设置。

② 绘制定数等分点。在 CAD 绘图中，经常需要对一些对象进行定数等分，所以就需要通过选择"绘图"—"点"—"定数等分"菜单命令，在所选择的对象上绘制等分点。

③ 样条曲线是由多条线段光滑过渡而形成的曲线，其形状由数据点、拟合点及控制点来决定。其中数据点由用户确定，拟合点及控制点由系统自动产生，用来编辑样条

曲线。

④ 圆环是一种可以填充的同心圆，其内径可与外径相等，也可为 0，在绘图过程中，用户需要指定圆环的内外径以及中心点。

10.4.2　线的绘制

（1）"直线"命令　直线是 CAD 中最常见的图素之一。可以用鼠标点绘制直线，可以使用相对坐标确定点的位置来绘制，也可以通过输入点的坐标来绘制或者使用动态输入功能来进行绘制。

（2）"构造线"命令　构造线通常作为辅助作图线使用，常在三面视图中使用该命令绘制辅助视图，图形绘制完成后，应记住将其删除或将该图层关闭，以免影响图层的效果。使用"构造线"命令所绘的辅助线可以用"修剪"等编辑命令进行编辑。

10.4.3　正多边形的绘制方法

正多边形是具有等边长的封闭图形，用 CAD 绘制正多边形时，直接用相应的绘图命令即可。用户可以通过与假想圆的内接或外切的方法来进行绘制，也可以指定正多边形某边的端点来绘制。利用内接于圆和外切于圆来绘制正多边形时，用户要弄清正多边形与圆的关系。内接于圆的正六边形，从六边形中心到两边交点的连线等于圆的半径，而外切于圆的正六边形的中心到边的垂直距离等于圆的半径。

10.4.4　椭圆的绘制

在 CAD 绘图中，椭圆的形状主要用中心、长轴和短轴三个参数来描述。绘制椭圆的缺省方法是指定椭圆的第一根轴线的两个端点及另一半轴的长度。

10.4.5　圆的绘制

CAD 中提供了多种圆与圆弧的绘制方法，绘制圆弧时，可以通过设置起点、方向、中点、角度、终点弦长等参数来进行绘制。在绘图过程中，用户可从子菜单中提供的 10 种绘制方法进行选择。

10.5　尺　寸　标　注

在环境工程绘图设计里面，图形的真实大小及各部分对象间的位置关系是由尺寸标注决定的，尺寸标注是环境工程设计非常重要的依据。本节主要讲述了尺寸样式的标注、设置以及角度、弧长、基线尺寸等的标注内容。在绘制图形时要准确表达，灵活运用各种辅助工具帮助完成标注，以便提高作图效率及准确度。

通过对尺寸的标注和编辑功能，可以完成各种工程制图的图形制作要求，并且能够对绘制好的图进行修改。尺寸的组成和标注都需要符合国家各项标准的规定，以便保证尺寸样式和文字样式的统一管理和应用。

10.5.1　尺寸标注的基本规定

10.5.1.1　尺寸标注的组成

工程制图中，想要完成一个完整的尺寸标注需要尺寸界限、尺寸箭头、尺寸线以及尺寸文字四个部分。

尺寸界线：限定所注尺寸的范围。一般由轴线、轮廓线、对称线引出作尺寸界线，也可使用以上线型当做尺寸界线。

尺寸箭头：主要是在尺寸线的两端，表达出尺寸的开头和结尾，根据软件提供的各式各样的尺寸箭头来进行标注。

尺寸线：表示标注的范围。尺寸线两端的起止符表示尺寸的起点和终点。

尺寸文字：表示实际测量值。系统自动计算出测量值，并附加公差、前后缀等。用户可以自定义添加文字进去。

10.5.1.2 尺寸标注的步骤

为了完成尺寸标注，提高工作效率和绘图质量，就必须按照以下步骤来完成尺寸标注。

① 首先建立一个新的图层来进行尺寸标注。

② 其次创建完成尺寸标注所需要的标注格式。

③ 接下来要设置好尺寸标注样式。命令行输入"dimstyle"，然后在弹出的"标注样式管理器"对话框中，选择样式，修改文字、颜色等。

④ 对标注的尺寸格式进行保存，以便提高效率和质量。

⑤ 最后，尺寸标注完成时需要进行检查，根据不同的命令来对错误进行修改。

10.5.2 尺寸标注的样式

尺寸标注的样式主要包括线性标注、对齐标注、直径标注、角度标注、基线标注、连续标注、快速标注等。

线性标注用于标注图形对象的线性距离或长度。水平标注用于标注对象上两点在水平方向上的距离；垂直标注则是用于标注对象上的两点在垂直方向的距离；旋转标注是标注对象上的两点在指定方向上的距离。

10.5.2.1 线性标注

调用线性标注命令后，可创建用于标注用户坐标系 XY 平面中的两个点之间的距离测量值，并通过指定点或选择一个对象来实现。

在"线性标注"的命令提示行中，各按钮作用如下。

角度（A）：修改标注文字的角度。

水平（H）：创建水平线性标注。

垂直（V）：创建直线性标注。

旋转（R）：创建旋转线性标注。

多行文字（M）：改变多行标注文字。

文字（T）：改变当前标注文字，或标注文字添加前后缀。

10.5.2.2 对齐标注

对齐标注指所标注尺寸的尺寸线与两条尺寸界线起始点间的连线平行。

操作步骤是：打开"注释"菜单栏，单击"标注"工具，选择"对齐"按钮，即执行 dimaligned 命令。指定第一条尺寸界线原点或"选择对象"，确认第一点后，再把光标移动到下一点，确定第二点后，上下移动光标，根据图形特征选择符合规定的标注位置，点击鼠标确认，完成对齐标注。

10.5.2.3 角度标注

角度标注主要是进行圆或圆弧的标注，或者是为相交的两直线进行标注。

操作步骤是：单击"标注"工具栏的"角度标注"按钮，或是运用命令快捷键标注尺寸。另外一种方式是打开"标注样式管理器"对话框，点击"新建"，弹出"创建新标注样式"对话框，点击"所有标注"下拉箭头，选取"角度标注"，再点"继续"，回到"标注样式管理器"对话框后需将"符号和箭头"先取为"实心闭合"，然后完成。

10.5.2.4　直径和半径标注

标注圆或圆弧的直径和半径尺寸，尺寸线通过圆心或者指向圆心。

操作方法是：单击"标注"工具栏的"直径标注"按钮，或是运用命令快捷键标注尺寸。

10.5.2.5　基线标注

基线标注用于以同一尺寸界线为基准的一系列尺寸标注。

基线标注是一个比较特殊的标注，为创建基线标注，首先做完线性、坐标或角度关联标注。然后单击"基线标注"按钮，系统给出"指定第二条尺寸界线起点或［放弃(U)/选择(S)］＜选择＞"，移动到第二条尺寸界线起点，单击"确定"，即完成标注。重复拾取第二条尺寸界线起点操作来完成一系列基线尺寸标注。基线标注中尺寸线之间的间距由标注样式中的基线间距控制。

10.5.2.6　连续标注

连续标注与基线标注一样，必须以线性、坐标或角度标注作为创建基础。在完成基础标注后，单击"连续标注"按钮，系统在命令行给出与基线标注一样的提示。用户按照与创建基线标注相同的步骤进行操作，完成连续标注。

10.5.2.7　快速标注

快速标注是具有智能推测功能的组合标注工具，可迅速创建相应标注，例如创建基线或连续标注。

快速标注操作是单击"快速标注"按钮，系统给出"选择要标注的几何图形"，单击鼠标右键结束选择操作时，命令行中给出"指定尺寸线位置或［连续(C)/并列(S)/基线(B)/坐标(O)/半径(R)/直径(D)/基准点(P)/编辑(E)］＜直径＞＝"提示。

10.5.3　编辑尺寸标注

编辑尺寸标注进行如复制、移动等的动作，可以运用"dimedit"命令、"dimtedit"命令、"dimregen"命令及其他一些不常用命令。

10.5.3.1　"dimedit"命令

"dimedit"命令可以同时改变多个标注对象的文字和尺寸界线，其调用格式如下。

工具栏："dimension（标注）"→菜单：[dimension(标注)]→[oblique(倾斜)]（"dimedit"命令的"oblique"选项）命令行：dimedit（或别名 ded、dimed）

调用该命令后，系统提示用户选择编辑选项：

Enter type of dimension editing [home/new/rotate/oblique] ＜home＞：

"home（缺省）"：用于将指定对象中的标注文字移回到缺省位置。

"new（新建）"：选择该项将调用多行文字编辑器，用于修改指定对象的标注文字。

"oblique（倾斜）"：调整线性标注尺寸界线的倾斜角度，选择该项后系统将提示用户选择对象并指定倾斜角度。

"rotate（旋转）"：用于旋转指定对象中的标注文字，选择该项后系统将提示用户指定旋转角度。

10.5.3.2　"dimtedit"命令

"dimtedit"命令用于移动和旋转标注文字，其调用格式为：

工具栏："dimension（标注）"→菜单：[dimension(标注)]→[Align Text(对齐文字)]

命令行：dimtedit（或别名 dimted）

调用该命令后，系统提示用户选择对象并给出编辑选项：

Select dimension：specify new location for dimension text or [left/right/center/home/angle]：

用户可直接指定文字的新位置。

"left（左）"：沿尺寸线左移标注文字。本选项只适用于线性、直径和半径标注。"right（右）"：沿尺寸线右移标注文字。本选项只适用于线性、直径和半径标注。"center（中心）"：把标注文字放在尺寸线的中心。"home（缺省）"：将标注文字移回缺省位置。"angle（角度）"：指定标注文字的角度。输入零度角将使标注文字以缺省方向放置。

10.5.3.3 "dimregen"命令

该命令主要是用于更新当前图形中所有关联标注的位置，其调用方式如下。

命令行：dimregen

① 使用鼠标滚轮进行平移或缩放后，应更新在图纸空间中创建的关联标注。

② 打开一个软件以前版本所编辑的图形文件后，如果标注的对象被修改，需要更新关联标注。

③ 打开包含有外部参照的文件并对其进行标注后，如果被标注的外部参照几何对象被修改，则需要更新关联标注。

10.5.3.4 其他编辑标注的方法

使用 CAD 的编辑命令编辑标注的位置。如用夹点或"stretch"命令进行标注的拉伸，使用"extend"命令和"trim"命令进行标注的修剪及延伸。

10.6 图形和文字编辑

10.6.1 编辑对象

10.6.1.1 选择对象

当启动 AutoCAD 2011 执行某一编辑命令时，软件会出现一个拾取框 ，提示用户"选择对象"。下面对对象选择的 10 种操作进行具体说明。为方便说明，以下操作均以选择一个矩形和一个圆为例进行说明。

（1）直接拾取 通过鼠标移动拾取框，使其压住需要选择的对象，单击，该对象以虚线形式出现，表示已被选中。以选取图中的矩形而不选取圆为例，选取前后的操作结果如图 10-1 所示。

(a) 对象选取前   (b) 对象选取后

图 10-1 直接拾取前后的操作结果

（2）选择全部对象　在命令窗口的"选择对象："提示下输入"all"，按"空格"确定，即可选中所有对象。

选取前后的操作结果如图 10-2 所示。

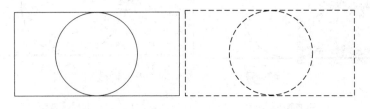

(a) 对象选取前　　　　(b) 对象选取后

图 10-2　选取全部对象前后的操作结果

（3）默认矩形窗口选择对象　提示"选择对象："时，将拾取框在作图区空白处单击，AutoCAD 提示：选择对象：指定对角点：。当以图 10-3（a）所示方式进行选择，即将圆包括在选择区域内、矩形没有包括在内时，选取对象的结果如图 10-3（b）所示。

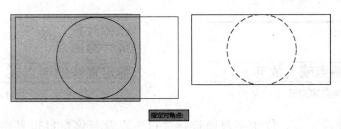

(a) 选取对象前　　　　(b) 选取对象后

图 10-3　默认矩形窗口选择对象

（4）矩形窗口选择对象　该方式将选中所有对象。在命令窗口的"选择对象："提示下输入"w"并按"空格"确定，软件会提示用户选择矩形窗口的 2 个对角点。执行后可选中矩形窗口内的所有对象。具体提示如图 10-4 所示。

所选矩形区域如图 10-5 所示。

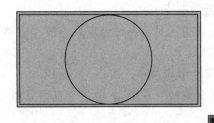

图 10-4　提示用户选择 2 个对角点

图 10-5　矩形窗口选择对象

单击左键即可完成选择。选择结果与图 10-2（b）一致。

（5）交叉矩形窗口选择对象　在命令窗口的"选择对象："提示下输入"c"，按[Enter]键确认，可选择位于矩形窗口内的对象以及与窗口便捷相交的所有对象。结果如图 10-6 所示。

（6）不规则窗口选择对象　在命令窗口的"选择对象："提示下输入"wp"，按"空格"

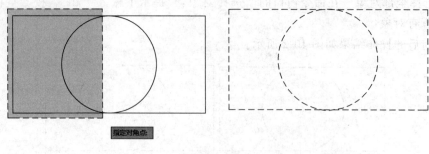

(a)选取对象前　　　　　　　　(b)选取对象后

图 10-6　交叉矩形窗口选择对象

键确定，AutoCAD 出现如图 10-7 所示提示。

按后续此提示逐步操作，所有对象包含在不规则窗口内，按"空格"确定即可完成选择。

（7）不规则交叉窗口选择对象　在命令窗口的"选择对象:"提示下输入"cp"，按"空格"键确定，软件提示见图 10-8。

选择对象：wp
第一圈围点：

指定直线的端点或 [放弃(U)]：

图 10-7　不规则窗口选择对象提示

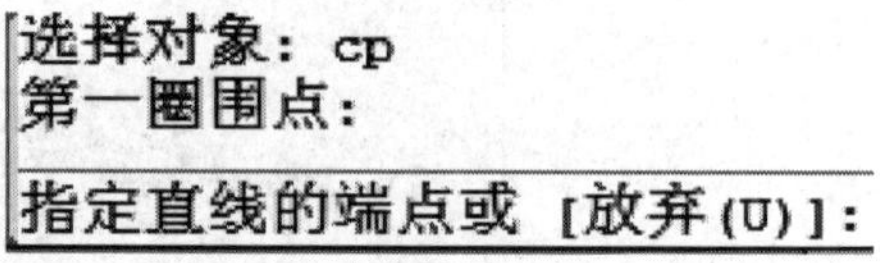

选择对象：cp
第一圈围点：

指定直线的端点或 [放弃(U)]：

图 10-8　软件提示

按后续提示逐步操作，位于不规则选择窗口内以及与该窗口边界相交的对象均可被选中。

（8）前一个方式选择对象　在命令窗口的"选择对象:"提示下输入"p"后，按"空格"键确定，软件将执行当前操作之前的操作，在"选择对象"：提示下选中对象。

（9）最后一个方式选择对象　在命令窗口的"选择对象:"提示下输入"l"后按"空格"键确定，会将最后操作时选中或绘制的对象选中。

（10）栏选对象　在命令窗口的"选择对象:"提示下输入"f"后按"空格"确定，AutoCAD 提示见图 10-9。

按上述提示确定各栏选点后，按"空格"键确定，与由这些栏选点确定的围线相交的对象均被选中。

10.6.1.2　删除对象

单击"修改"中的 ✎ 按钮，具体见图 10-10。

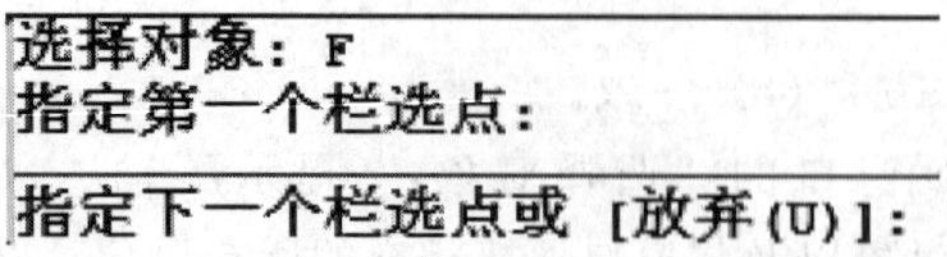

选择对象：F
指定第一个栏选点：

指定下一个栏选点或 [放弃(U)]：

图 10-9　AutoCAD 提示

图 10-10　"删除"按钮

命令窗口中的"erase"可简写为"e"，具体提示见图 10-11。

执行上述操作即可删除选中的对象。

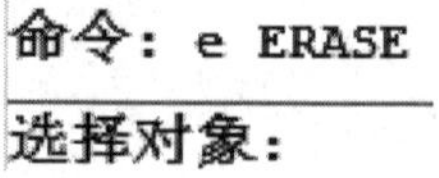

命令：e ERASE

选择对象：

图 10-11　"erase"
命令提示

10.6.1.3　移动对象

（1）指定基点移动　单击"修改"中的 ⊕移动 按钮，或者在命令窗口输入"move"命令，可简写为"m"。

以移动圆为例，对移动的具体操作进行说明。执行上述两项中的任一项操作后，将拾取框停留在圆上，单击，提示如图 10-12 所示。

指定基点，以圆心为基点，单击圆心后进行拖动，在任一区域再次单击左键，确定移动的位置。移动结果如图 10-13 所示。

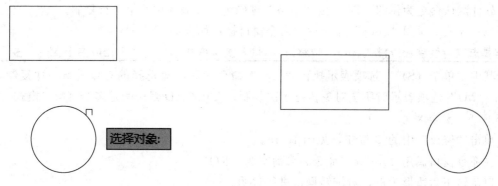

图 10-12　移动对象（一）　　　　　　　　　图 10-13　移动对象（二）

（2）位移　在命令窗口输入"m"命令后，再输入位移"d"命令，将圆心位移"20，20，20"，按"空格"确定，即可实现对圆的移动。20、20、20 分别表示沿 X、Y 和 Z 坐标方向移动的位移量。移动结果如图 10-14 所示。

10.6.1.4　复制对象

单击"修改"中的 🔲 按钮，具体见图 10-15。

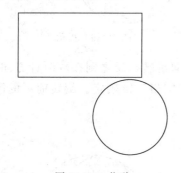

图 10-14　位移

图 10-15　"复制"按钮

在命令窗口输入"copy"命令，提示见图 10-16。

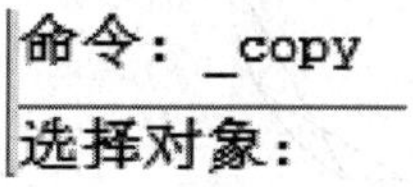

命令：_copy

选择对象：

图 10-16　"copy"命
令提示

以复制圆为例，对复制操作进行说明。

（1）指定基点　以圆心为基点，左键单击后，鼠标在作图区域内沿任意方向拖动，左键再次单击确定复制圆的圆心位置，按［Enter］键确定即可实现复制，结果如图 10-17 所示。

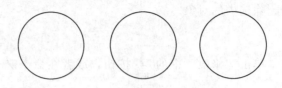

(a) 复制前　　　　　　(b) 复制后

图 10-17　复制

（2）位移　根据位移量复制对象，AutoCAD 提示：

指定基点或 [位移(D)/模式(O)] <位移>:

软件默认命令为位移"D"，按"空格"键确定，按输入位移量进行复制。

（3）模式　调用"copy"命令后，命令窗口提示如下：

指定基点或 [位移(D)/模式(O)] <位移>: 。输入复制模式选项 [单个(S)/多个(M)] <多个>:

其中"单个（S）"选项表示执行"copy"命令后只能对选择的对象进行一次复制，而"多个（M）"选项表示对所选对象执行多次复制，AutoCAD 默认的是多个（M）模式。

10.6.1.5　旋转对象

单击"修改"中的 ⊙ 按钮，见图 10-18。

在命令窗口调用"rotate"命令，可简写为"RO"。

以旋转正六边形为例，对旋转操作进行说明。

（1）指定旋转角度　在单击 ⊙ 按钮或调用"RO"命令后，选择所旋转的正六边形，并单击圆心作为旋转的基点后，提示如图 10-19 所示。

图 10-18　"旋转"按钮

图 10-19　提示

AutoCAD 的默认状态下，角度为正时按逆时针方向旋转，反之则按顺时针方向旋转。以逆时针旋转 90°为例，在蓝色小框中输入"90"，按"空格"键确定。旋转前后的图形结果如图 10-20 所示。

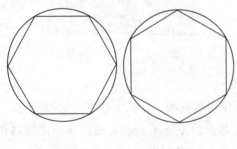

(a) 旋转前　　　　　(b) 旋转后

图 10-20　旋转

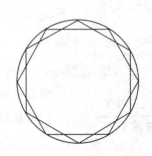

图 10-21　旋转后仍保留原对象

（2）复制（C）　创建旋转对象后仍保留原对象。以图 10-10 中的正六边形逆时针旋转 90°为例，旋转后的图形如图 10-21 所示。

（3）参照（R）　以旋转图 10-20（a）的正六边形为例，对具体操作进行说明。

确定旋转对象和基点后，AutoCAD 提示见图 10-22。

指定旋转角度，或 [复制(C)/参照(R)] <0>：　r

指定参照角 <0>：

图 10-22　旋转提示

以逆时针旋转 45°为例，在"指定参照角"处输入"0"，在"新角度"处输入"45"，按"空格"确定，旋转后的结果如图 10-23 所示。

10.6.1.6　缩放对象

单击"修改"中的 按钮，具体见图 10-24。

在命令窗口调用"scale"命令，可简写为"SC"，提示见图 10-25。

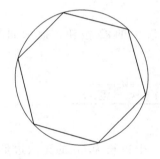

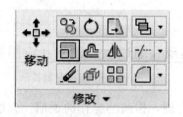

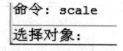

图 10-23　逆时针旋转 45°　　　　图 10-24　"缩放"按钮　　　　图 10-25　缩放提示

以实例进行缩放操作的具体说明如下所述。

（1）指定比例因子　单击 按钮或调用"SC"命令后，对要缩放的对象进行选择，再右键单击后，选择基点，此时提示如图 10-26 所示。

以缩小到原正六边形的 80% 为比例因子，即在小蓝框中输入"0.8"，按"空格"键确定，缩小后的结果如图 10-27 所示。

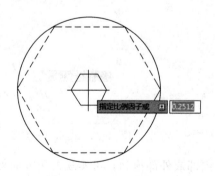

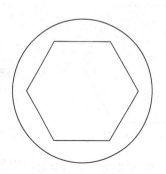

图 10-26　指定比例因子提示　　　　图 10-27　正六边形缩放为原来的 80%

（2）复制（R） 创建缩小或放大的对象后仍保留原对象。在输入比例因子前先在命令窗口中输入"C"命令，其余操作和（1）的操作一致。其结果见图 10-28。

（3）参照（R） 确定旋转对象和基点后，动态提示如图 10-29 所示。

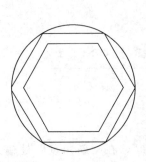

图 10-28　缩放后仍保留原对象

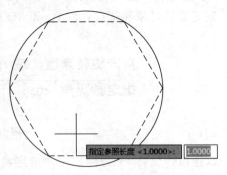

图 10-29　提示

参照长度默认为 1，比例因子＝新长度值÷参照长度，以比例因子为 0.8，参照长度为正六边形原长 15，新长度为 12，依次按提示输入"15"、"12"后，按"空格"键确定，缩放结果与图 10-27 一致。

10.6.1.7　偏移对象

在命令窗口中调用"offset"命令或鼠标左键单击"修改"中的 ⊡ 按钮，提示如图 10-30 所示。

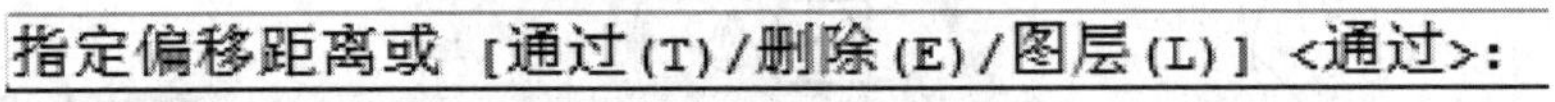

指定偏移距离或 [通过(T)/删除(E)/图层(L)] ＜通过＞：

图 10-30　偏移对象提示

以对正六边形进行偏移为例，作偏移操作的说明。先绘制一个边长为 60 的正六边形，如图 10-31 所示。

调用"offset"命令或单击⊡，以将该正六边形偏移 10 个单位长度为例，在对话框中输入"10"，如图 10-32 所示。

在以上提示下，按"空格"键确定，提示如图 10-33 所示。

鼠标左键选中正六边形后，提示如图 10-34 所示。

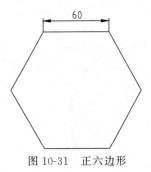

图 10-31　正六边形

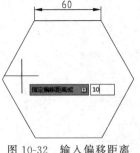

图 10-32　输入偏移距离

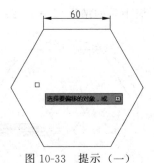

图 10-33　提示（一）

点击正六边形的任一条边，用鼠标将该六边形的内部或外部拖动，可实现向里或向外的偏移，结果如图 10-35 所示。

图 10-34　提示（二）

在命令栏 指定偏移距离或 [通过(T)/删除(E)/图层(L)] <通过>: 中，"通过（T）"命令是选取偏移对象后，再选取偏移通过点。执行该命令后，原对象会随着偏移命令的执行而消失。"删除（E）"命令是对原对象执行偏移命令的同时将原对象删去。"图层（L）"命令将会在后面作介绍。

10.6.1.8　镜像

调用"mirror"命令或单击"修改"中的 按钮，提示见图 10-36。

在图中选择好对象后，点击右键确定，提示如图 10-37 所示。

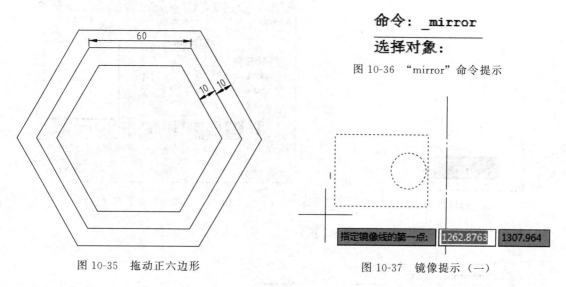

命令：_mirror

选择对象：

图 10-36　"mirror"命令提示

图 10-35　拖动正六边形

指定镜像线的第一点：1262.8763　1307.964

图 10-37　镜像提示（一）

图中的点画线即为镜像线，鼠标左键在镜像线上单击确定第一点和第二点后，提示如图10-38 所示。

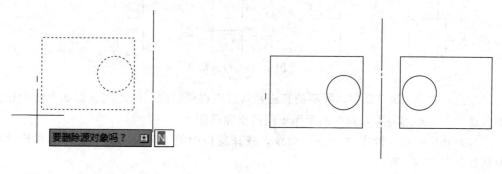

要删除源对象吗？ N

图 10-38　镜像提示（二）

图 10-39　镜像结果

是否删除源对象，默认为否，直接按"空格"键确定，即可得到镜像结果，见图10-39。

10.6.1.9 阵列对象

调用"array"命令或单击"修改"中的 ⊞ 按钮，出现窗口见图10-40。

图10-40 "阵列"对话框（一）

（1）矩形阵列 以对一个长为15、宽为10的矩形进行3行5列的矩形阵列为例，说明矩形阵列的具体操作。首先选择上述窗口中的"矩形阵列"。设置行数为3，列数为5，行偏移（即行间距）为15，列偏移（列间距）50。阵列角度为0，即在水平和垂直方向上进行阵列。设置好各参数后，单击 按钮在作图区域选择对象，出现结果见图10-41。

点击鼠标右键，出现如图10-42所示窗口。

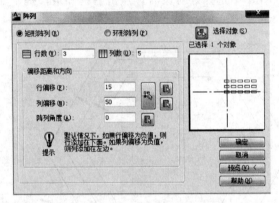

图10-42 "阵列"对话框（二）

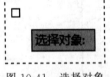

图10-41 选择对象

点击"确定"，阵列结果如图10-43所示。

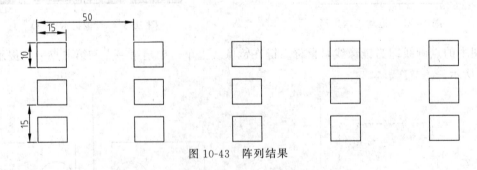

图10-43 阵列结果

注意：在AutoCAD中，间距的算法是从对应点到对应点的距离。即如上图中标注所示的长度为两矩形的间距，而非两个图形间的空隙间距。

（2）环形阵列 调用"array"命令，选择窗口中的"环形阵列"后，出现软件默认的对话框如图10-44所示。

下面以实例说明环形阵列的具体操作。

先分别绘制半径为 90、70 和 5 的三个圆，其相对位置如图 10-45 所示。

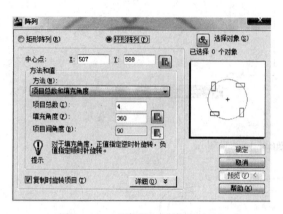

图 10-44　"阵列"对话框（三）

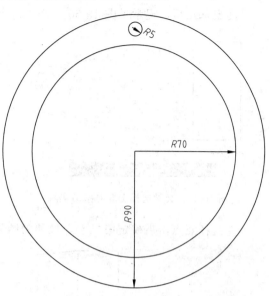

图 10-45　半径为 90、70 和 5 的三个圆

在"阵列"对话框中单击 按钮后，选择大圆的圆心作为阵列的中心点，再单击 按钮，选择半径为 5 的小圆作为阵列对象，鼠标右键单击回到"阵列"对话框。然后，设置阵列个数为 6，填充角度为 360°。设置完成后点击"确定"按钮。阵列后的结果如图 10-46 所示。

10.6.1.10　拉伸对象

调用"stretch"命令或单击 按钮，提示如图 10-47 所示。

作图区的提示如图 10-48 所示。

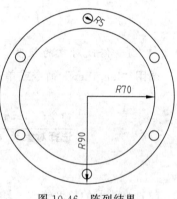

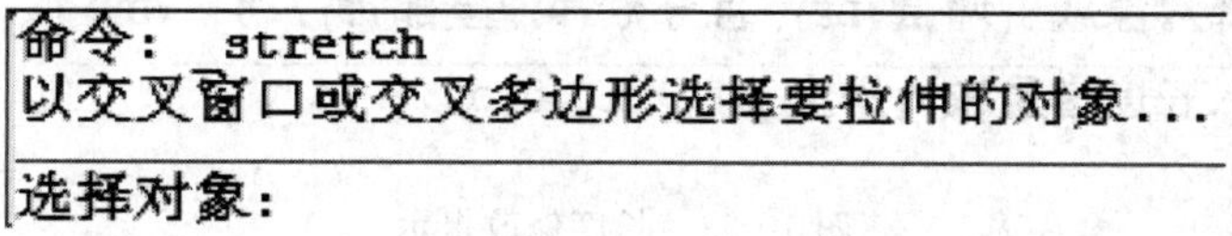

图 10-46　阵列结果

```
命令: stretch
以交叉窗口或交叉多边形选择要拉伸的对象…

选择对象:
```

图 10-47　"stretch"命令提示

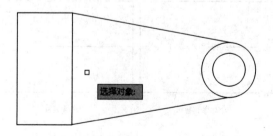

图 10-48　作图区提示

以交叉选择选取对象后，右键单击确定，提示见图 10-49。

确定基点后，提示见图 10-50。

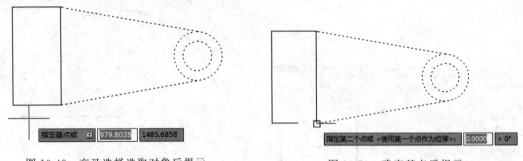

图 10-49　交叉选择选取对象后提示　　　　图 10-50　确定基点后提示

左键任意点击后确定第二点，拉伸的结果如图 10-51 所示。

图 10-51　拉伸结果

10.6.1.11　修改对象的长度

调用"lengthen"命令或单击"修改"中的 按钮，提示如图 10-52 所示。

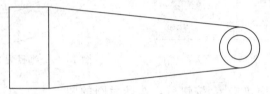

图 10-52　"lengthen"命令提示

（1）直线段的长度修改　输入"de"和长度增量"10"后，提示见图 10-53。

图 10-53　长度修改提示

按"空格"键确定，在作图区选取对象并单击。修改前后的结果见图 10-54。

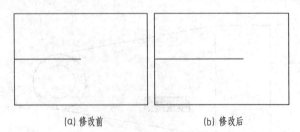

(a) 修改前　　　　　　　(b) 修改后

图 10-54　直线段长度修改前后

（2）圆弧的长度修改（角度）　当出现图 10-55 所示提示时，输入"A"后按"空格"键确定。

选择对象或 **[增量(DE)/百分数(P)/全部(T)/动态(DY)]:** de

输入长度增量或 **[角度(A)]** <10.0000>: a

图 10-55　圆弧长度修改提示

出现提示：输入角度增量 <0>:

以 30°作为增量，输入 30，按"空格"键确定，并对要修改长度的圆弧进行选取，修改前后的结果如图 10-56 所示。

10.6.1.12　修剪对象

调用"trim"命令或单击"修改"中的 ⊬ 按钮，提示见图 10-57。

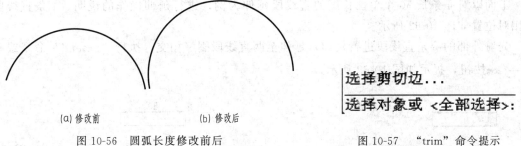

(a) 修改前　　　　　(b) 修改后

选择剪切边...

选择对象或 <全部选择>:

图 10-56　圆弧长度修改前后　　　　　　　图 10-57　"trim"命令提示

下面对图形修剪的具体操作进行说明。图 10-58 是一个长、宽分别为 100 和 80 的矩形和半径为 55 的圆。当出现上述提示时，作图区域的提示如图 10-58 所示。

选择要修剪的对象，将圆和矩形都选中后单击鼠标右键，提示如图 10-59 所示。

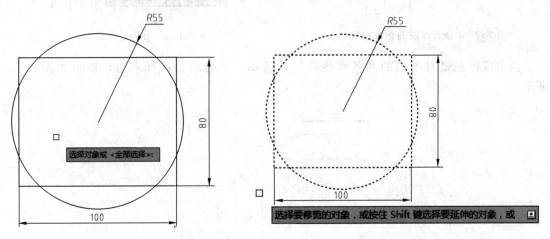

图 10-58　作图区域的提示　　　　　　　图 10-59　选择修剪对象提示

选取圆和矩形相交的线段修剪，鼠标左键单击需要修剪的线段，修剪后的结果如图 10-60所示。

10.6.1.13　延伸对象

调用"extend"命令或单击"修改"中的 |---/ 延伸按钮，提示如图 10-61 所示。

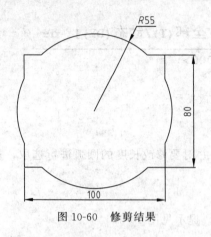

图 10-60　修剪结果

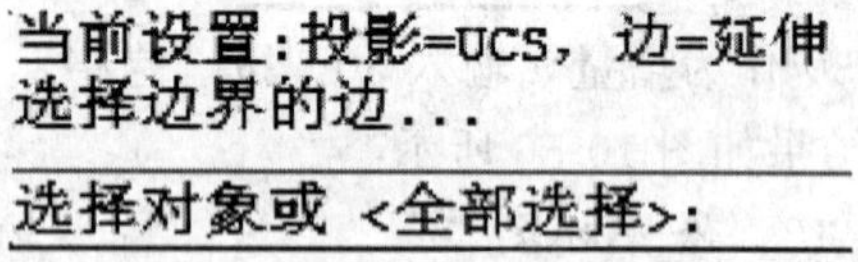

当前设置：投影=UCS，边=延伸
选择边界的边...

选择对象或 <全部选择>：

图 10-61　"extend"命令提示

下面以对 4 条长 50 个单位长度的直线段延伸为例，进行延伸操作的说明。4 条直线段的相对位置如图 10-62 所示。

先对外部的两条直线段进行延伸，延伸至两直线段刚好相交，执行"extend"命令或单击 |---/ 延伸按钮，提示如图 10-63 所示。

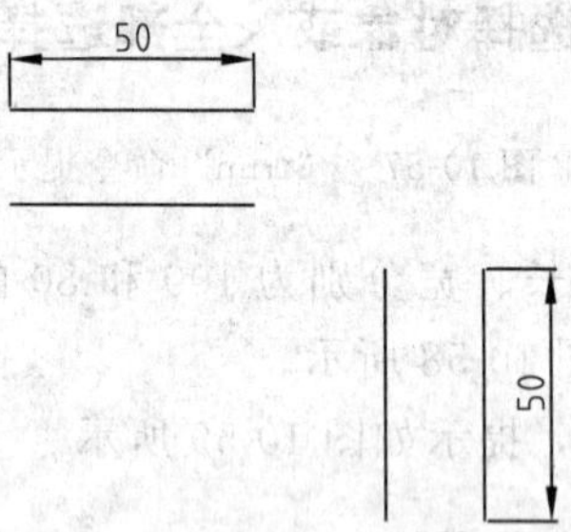

图 10-62　4 条直线段的相对位置

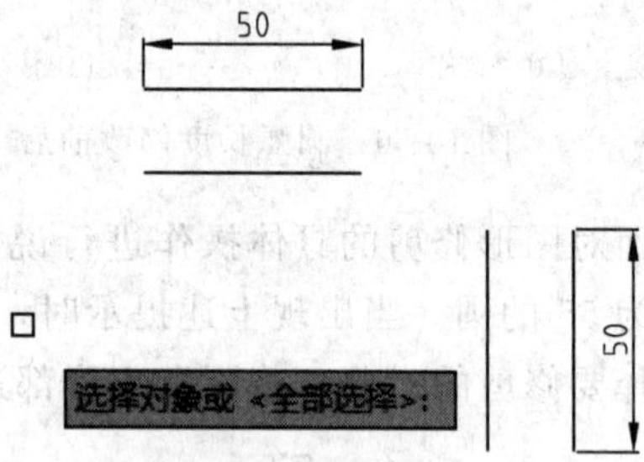

图 10-63　延伸提示（一）

点击鼠标左键对外部的两条直线段进行选择，然后单击鼠标右键，提示如图 10-64 所示。

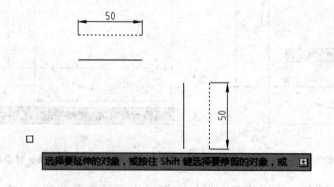

图 10-64　延伸提示（二）

将鼠标左键在水平直线段的右半段和垂直线段的上半段进行点击，线段会实现延伸，结果如图 10-65 所示。

以同样方法对内部的两条直线段进行延伸，结果如图 10-66 所示。

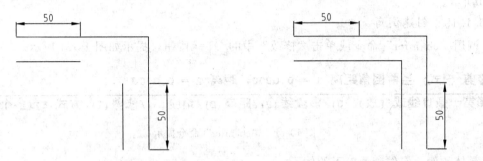

图 10-65　线段延伸结果　　　　　　　　　　图 10-66　内部的两条线段延伸结果

10.6.1.14　打断对象

调用 "break" 命令或单击 "修改" 中的 ▣（打断）按钮、▣（打断于点）按钮。单击 ▣ 按钮，出现如图 10-67 所示提示。

左键单击确定打断的第一个点后，出现如图 10-68 所示提示。

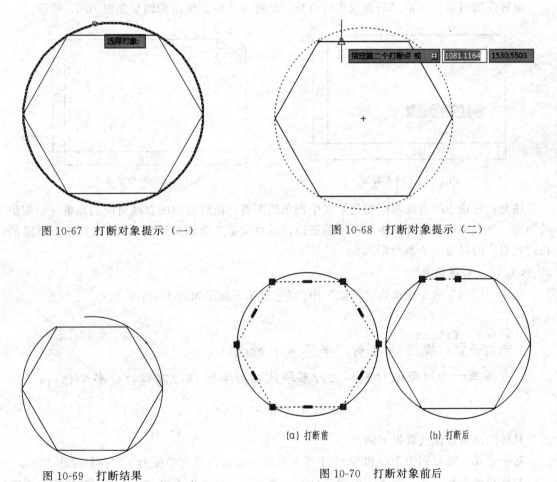

图 10-67　打断对象提示（一）　　　　　　　图 10-68　打断对象提示（二）

图 10-69　打断结果

(a) 打断前　　　　　(b) 打断后

图 10-70　打断对象前后

左键单击确定第二个打断点，打断结果如图10-69所示。

单击 按钮，选择要打断的点，再左键单击确定第二个点，打断前后的结果如图10-70所示。

10.6.1.15 创建倒角

调用 "chamfer" 命令或单击 "修改" 中的 倒角按钮，提示如图10-71所示。

("修剪"模式) 当前倒角距离 1 = 0.0000，距离 2 = 0.0000

选择第一条直线或 [放弃(U)/多段线(P)/距离(D)/角度(A)/修剪(T)/方式(E)/多个(M)]：

图10-71 "chamfer" 命令提示

具体的倒角操作请看以下的例子。

对一个长、宽分别为100和60个单位长度的矩形进行倒角距离分别为5和6的倒角操作。

调用 "rectang" 命令画出矩形，先选中矩形然后调用 "x" 命令对矩形进行分解。接下来调用 "chamfer" 命令后，在命令窗口输入 "d" 命令，然后分别输入第一个倒角距离5和第二个倒角距离6，按 "空格" 键确定，出现提示见图10-72。

鼠标左键对第一、第二条直线进行选择，选择完毕后，倒角的结果如图10-73所示。

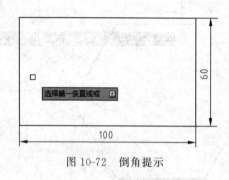

图10-72 倒角提示

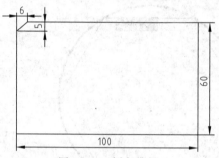

图10-73 倒角结果

注意：先选中的直线对应的是第二个倒角的距离，而后选中的直线对应的是第一个倒角的距离。在上例中，先选择矩形左边的宽边，其对应第二个倒角距离6，后选择矩形上面的长边，对应的是第一个倒角距离5。

10.6.1.16 创建圆角

调用 "fillet" 命令或单击 "修改" 中的 按钮，提示如图10-74所示。

命令： fillet
当前设置：模式 = 修剪，半径 = 0.0000

选择第一个对象或 [放弃(U)/多段线(P)/半径(R)/修剪(T)/多个(M)]：

图10-74 "fillet" 命令

具体的倒角操作请看以下的例子。

对一个长、宽分别为100和60个单位长度的矩形进行圆角半径为5的圆角操作。

与倒角操作前一样，先将矩形进行分解。在调用 "fillet" 命令或单击 按钮后，再在命令窗口中输入"r"命令，按"空格"键确定后再输入圆角半径 5，按"空格"键确定，出现提示见图 10-75。

鼠标对矩形的长边和宽边进行选择后，圆角的结果如图 10-76 所示。

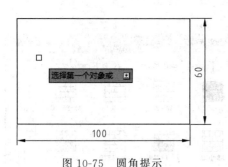

图 10-75　圆角提示

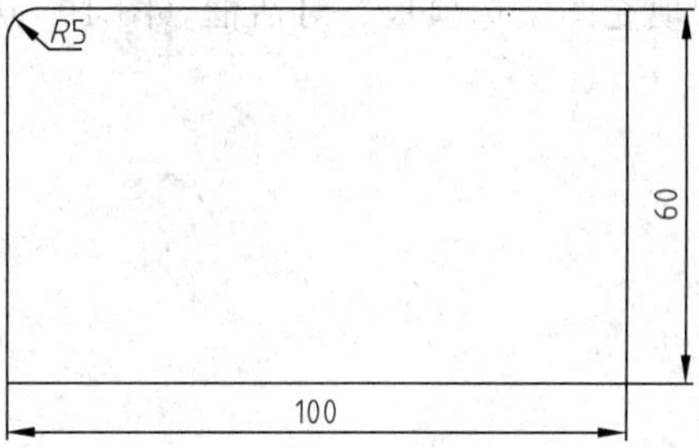

图 10-76　圆角操作结果

10.6.2　编辑图案

10.6.2.1　图案填充

如图 10-77 所示，鼠标左键单击"图案填充"，模型转换，在"拾取内部点或［选择对象（S）/设置（T）］:"后面输入"t"，并按回车键，出现对话框如图 10-78 所示。

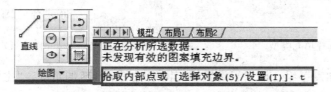

图 10-77　图案填充操作

图 10-78　"图案填充和渐变色"对话框（一）

如图 10-79 所示，"类型"下拉列表框用于设置填充图案的类型。可以通过下拉列表在"预定义""用户定义"和"自定义"之间选择填充类型（图 10-79）。当选择"预定义"时，"图案"下拉列表框用于确定填充图案。用户可以通过单击图案左边的按钮或样例，从而打开"填充图案选项板"对话框（图 10-80）进行选择。

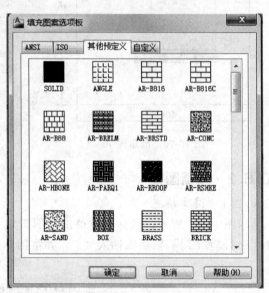

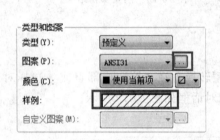

图 10-79　选择填充类型　　　　　　　图 10-80　"填充图案选项板"对话框

选项组中，"角度"组合框用于设置填充图案时图案旋转的角度，"比例"组合框用于确定填充图案时的图案比例值。例如作如图 10-81 所示图形，可以先在"填充图案选项板"中选择"ANSI"（图 10-82），再选择"ANSI31"，并点击"确定"。在角度中填写"90"，比例中填写"20"，则最终图形和选择图形成 90°旋转，平行线宽度如图 10-81 所示。

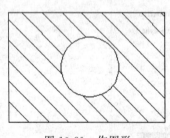

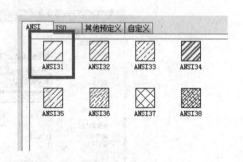

图 10-81　作图形　　　　　　　　　图 10-82　选择"ANSI31"

"图案填充原点"用于控制生成填充图案时的起始位置。在默认设置下，所有填充图案的原点均对应于当前 UCS 的原点。在该选项组中，选中"使用当前原点"单选按钮表示用当前坐标原点（0，0）作为图案生成的起始位置，选中"指定的原点"单选按钮则表示要指定新的图案填充原点。

点击"确定"，选择填充区域；或者点击"添加：选择对象"（图 10-83），画面切换到绘图屏幕，选择作为填充边界的对象。选择确定后按 [Enter] 键确定。

10.6.2.2　渐变色

在图 10-78 中，用鼠标左键单击"渐变色"，模型转换，在"拾取内部点或 [选择对象

（S）/设置（T）]:"后面输入"T"，并按回车键，跳出对话框如图 10-84 所示。对话框中可以选择"单色"或"双色"，并且可以对颜色及渐变方式进行选择。此外，还可以通过"角度"下拉列表框确定以渐变方式填充时的旋转角度，选中"居中"复选框后可以指定对称的渐变配置。

图 10-83　"边界"对话框

单击"图案填充和渐变色"对话框中位于右下角位置的小箭头，对话框则变成为图 10-85 所示的形式。

如果选中"孤岛检测"复选框，表示将进行"普通""外部"或"忽略"中的一种孤岛检测。

"普通"填充方式的填充过程：AutoCAD 从最外部边界向内填充，遇到与之相交的内部边界时断开填充线，遇到下一个内部边界时继续填充。

"外部"填充方式的填充过程：AutoCAD 从最外部边界向内填充，遇到与之相交的内部边界时断开填充线，不再继续填充。

"忽略"填充方式的填充过程：AutoCAD 忽略边界内的对象，所有内部结构均被填充图案覆盖。

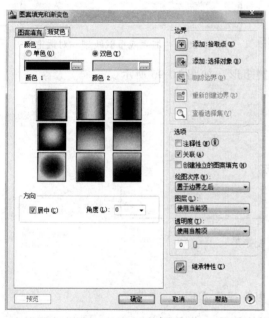

图 10-84　"图案填充和渐变色"对话框（二）

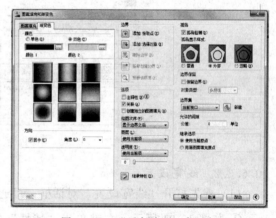

图 10-85　"孤岛检测"复选框

10.6.3　图形设置

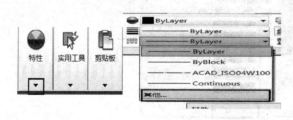

图 10-86　打开"线型管理器"对话框的操作

10.6.3.1　线型设置

首先打开"线型管理器"对话框，可通过以下操作实现。

如图 10-86 所示，左键单击"特性"的下拉箭头，菜单下拉后点击 ▦ 栏的下拉箭头，选择"其他"按钮，即可得到"线型管理器"对话框。

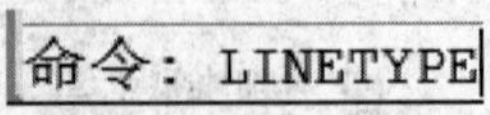

图 10-87　输入"LINETYPE"命令

如图 10-87 所示，在"菜单"栏中输入"LINETYPE"，按回车键即可得到"线型管理器"对话框。

如图 10-88 所示，"线型管理器"对话框中，位于中间位置的线型列表框中列出了用户当前可以使用的线型。

可以通过"加载"按钮从线型库加载线型，单击"加载"按钮后，得到"加载或重载线型"对话框，如图 10-89 所示。用户可以通过对话框中的"文件"按钮选择线型文件，通过线型列表框选择需要加载的线型。可以通过"删除"按钮从线型库删除线型，通过"当前"按钮选择当前需要的线型，通过"显示细节"按钮显示线型的详细信息。

图 10-88　线型列表框 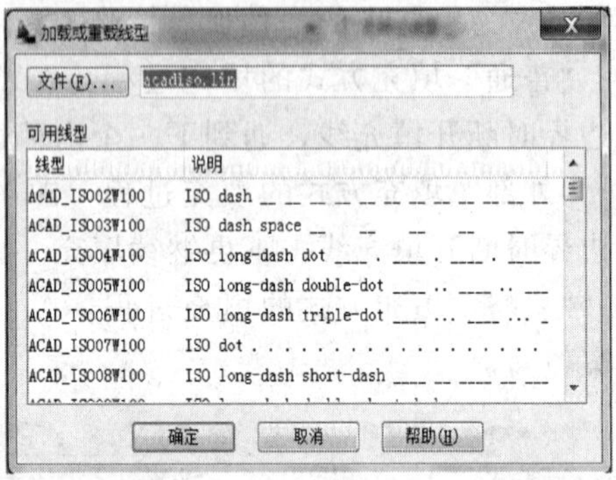　　　　图 10-89　"加载或重载线型"对话框

实例：选择 ACAD-ISO04W100 型线型后绘制矩形，如图 10-90 所示。

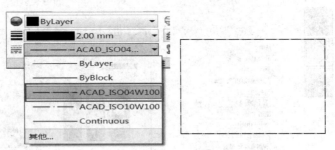

图 10-90　绘制矩形

10.6.3.2　线宽设置

（1）首先打开"线宽设置"对话框，可通过以下操作实现。

① 如图 10-91 所示，左键单击"特性"的下拉箭头，菜单下拉后点击 ▤ 栏的下拉箭头，选择"线宽设置"按钮，即可得到"线宽设置"对话框。

图 10-91　打开"线宽设置"对话框的操作

② 如图 10-92 所示，在"菜单"栏中输入"LWEIGHT"，按回车键即可得到"线宽设置"对话框。

（2）线宽设置 如图 10-93 所示，"线宽设置"对话框中，选择需要的线宽进行绘图。"显示线宽"复选框可以根据需要选择是否按设置的线宽显示所绘图形。

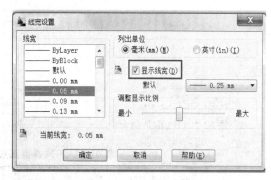

命令：LWEIGHT

图 10-92 输入"LWEIGHT"命令　　　　　　　图 10-93 "线宽设置"对话框

实例：分别选择 0.05mm 和 0.50mm 两种线宽绘制矩形，如图 10-94 所示。

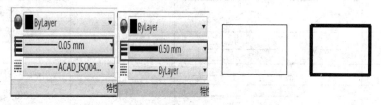

图 10-94 两种线宽绘制矩形

10.6.3.3 颜色设置

（1）首先打开"选择颜色"对话框，可通过以下操作实现。

① 如图 10-95 所示，左键单击"特性"的下拉箭头，菜单下拉后点击 ⬤ 栏的下拉箭头，选择"选择颜色"按钮，即可得到"选择颜色"对话框。

图 10-95 打开"选择颜色"对话框操作

② 如图 10-96 所示，在"菜单"栏中输入"COLOR"，按回车键即可得到"选择颜色"对话框。

（2）颜色设置 如图 10-97 所示，"选择颜色"对话框中有"索引颜色""真彩色""配色系统"三个选项卡，可以根据不同的需要选择不同的颜色进行绘图。

在《CAD 工程制图规则》（GB/T 18229—2000）中，对 AutoCAD 中不同类型的图线所应采用的颜色作了明确规定，具体见表 10-1。

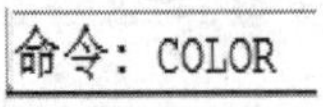

图 10-97 "选择颜色"对话框

```
命令: COLOR
```

图 10-96 输入"COLOR"命令

表 10-1 不同类型图线所采用的颜色

图线类型		屏幕上的颜色	图线用途
粗实线		白色	主要可见轮廓线
细实线			可见轮廓线、图例线等
波浪线		绿色	断于界线
双折线			断于界线
虚线		黄色	不可见轮廓线、图例线等
细点画线		红色	中心线、对称线等
粗点画线		棕色	有特殊要求的线或表面的表示线
双点画线		粉红色	假想轮廓线

10.6.3.4 图层设置

（1）首先打开"图层特性管理器"对话框，可通过以下操作实现。

如图 10-98 所示，单击工具栏"图层特性"按钮即可得到"图层特性管理器"对话框。

如图 10-99 所示，在"菜单"栏中输入"LAYER"，按回车键即可得到"图层特性管理器"对话框。

图 10-98 单击"图层特性"按钮

```
命令: LAYER
```

图 10-99 输入"LAYER"命令

（2）新建图层 如图 10-100 所示，在"图层特性管理器"对话框中单击"新建图层"按钮 ，即可得到新图层。选中图层后单击名称，可以根据需要更改图层名称。单击"删除图层"按钮 可以删除图层。

注意：要删除的图层必须是空图层。单击"置为当前"按钮 可以将图层置为当前绘图图层，双击图层行也可得到此结果。

（3）图层列表框　如图 10-101 所示，单击图层列表框中的图层状态栏的下拉箭头，得到各图层状态。单击"开"按钮 💡 处于打开状态，该图层上的图像可以显示或绘出。单击"锁定"按钮 🔓 处于锁定状态，则不能对该图层进行编辑操作。

图 10-100　新建图层

图 10-101　各图层状态

10.6.4　文字样式

10.6.4.1　文字样式

如图 10-102 所示，输入"style"，并按［Enter］键，执行"style"命令，"文字样式"对话框如图 10-103 所示。

输入要放弃的操作数目或 ［自动(A)/控制(C)/开始(BE)/结束(E)/标记(M)/后退(B)] <1>: 1 STYLE

命令: style

图 10-102　输入"style"命令

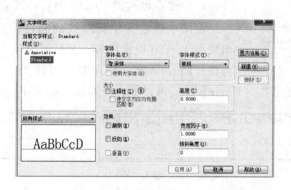

图 10-103　"文字样式"对话框

在该列表框中列有当前已定义的文字样式，可以从中选择对应的样式作为当前样式或作为新建样式。根据需要选择合适的样式（图 10-104～图 10-106）。

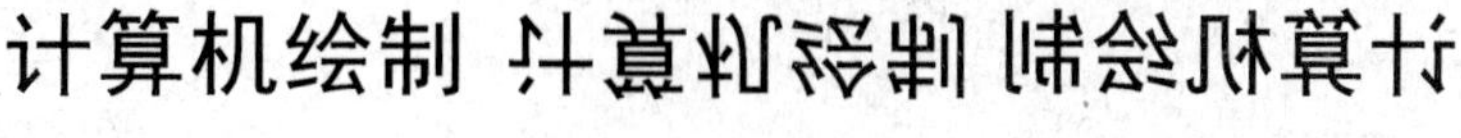

计算机绘制　计算机绘制　计算机绘制

(a)正常标注　　　　(b)文字颠倒标注　　　　(c)文字反向标注

图 10-104　文字标注示例

选定好后，如图 10-107 所示，点击"单行文字"，然后可以输入所需文字。

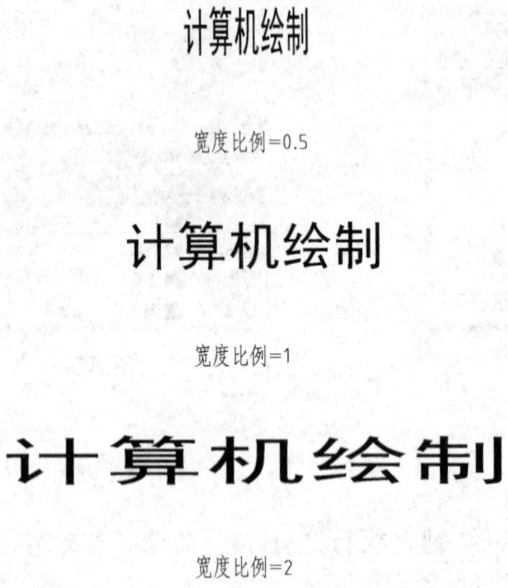
计算机绘制
宽度比例=0.5
计算机绘制
宽度比例=1
计算机绘制
宽度比例=2

图 10-105　用不同宽度比例标注文字

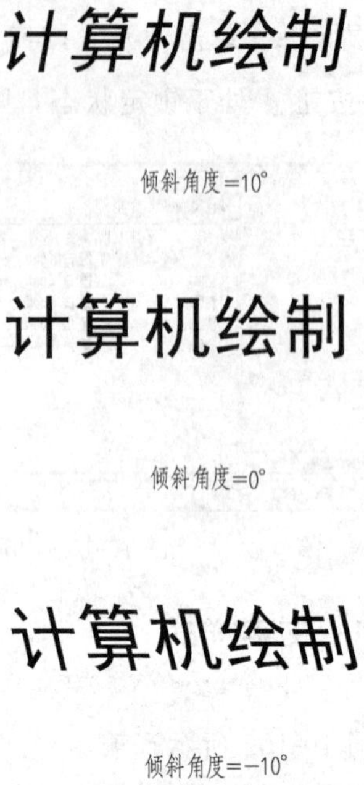
计算机绘制
倾斜角度=10°
计算机绘制
倾斜角度=0°
计算机绘制
倾斜角度=−10°

图 10-106　用不同倾斜角标注文字

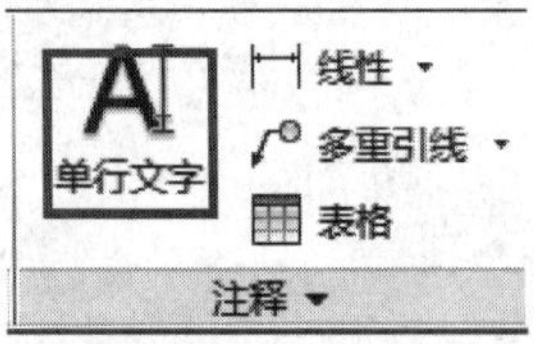
单行文字
线性
多重引线
表格
注释

图 10-107　点击“单行文字”

10.6.4.2　文字标注

如图 10-108 所示，在“命令”中输入“dtext”，按［Enter］键，显示图 10-109 内容，或直接点击。

在图中确定文字行基线的起点位置，鼠标单击该位置，出现图 10-110 所示内容，然后可以输入文字的“指定高度”，再按［Enter］键，出现图 10-111 所示内容，然后可以输入“文字的旋转角度”，最后按［Enter］键后可以输入所需填写的文字，如图 10-112 所示。

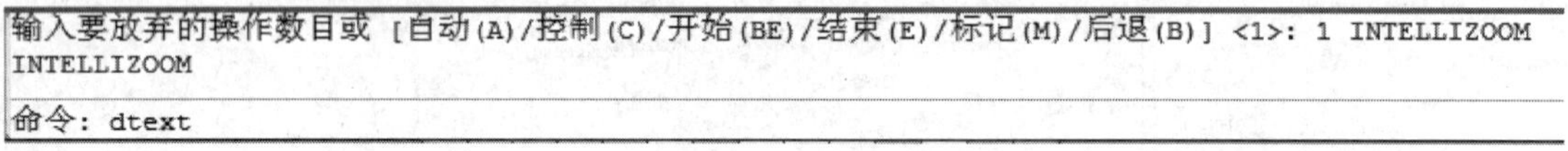
输入要放弃的操作数目或 [自动(A)/控制(C)/开始(BE)/结束(E)/标记(M)/后退(B)] <1>: 1 INTELLIZOOM
INTELLIZOOM
命令: dtext

图 10-108　输入“dtext”命令

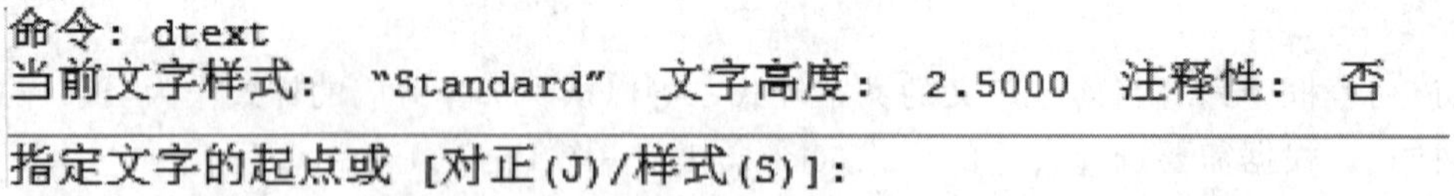
命令: dtext
当前文字样式: "Standard" 文字高度: 2.5000 注释性: 否
指定文字的起点或 [对正(J)/样式(S)]:

图 10-109　显示内容

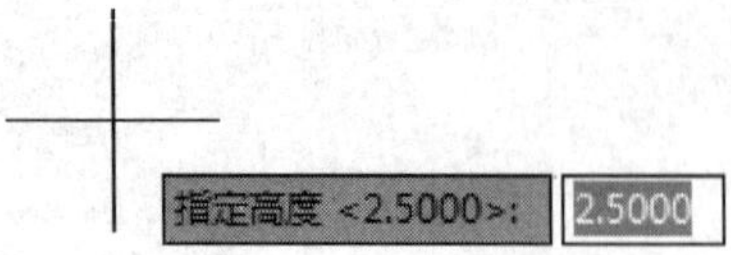
指定高度 <2.5000>:
2.5000

图 10-110　输入指定高度

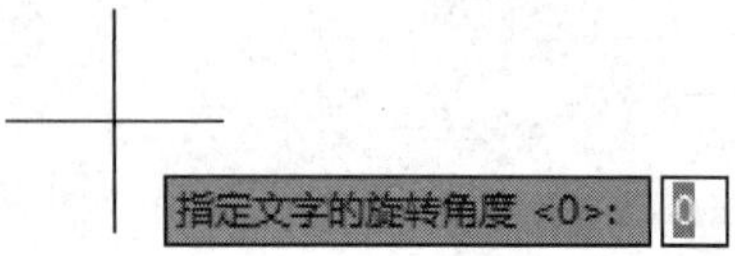
指定文字的旋转角度 <0>:
0

图 10-111　输入文字旋转角度

10.6.4.3 利用在位文字编辑器标注文字

如图 10-113 所示，在"命令"中输入"mtext"，按
[Enter] 键，显示图 10-114 内容，或直接点击 。

在"指定第一角点"的指示下指定一点作为第一角后，Au-
toCAD 继续提示：

**指定对角点或 [高度(H)/对正(J)/行距(L)/旋转(R)/样式
(S)/宽度(W)/栏(C)]:**

图 10-112 输入文字

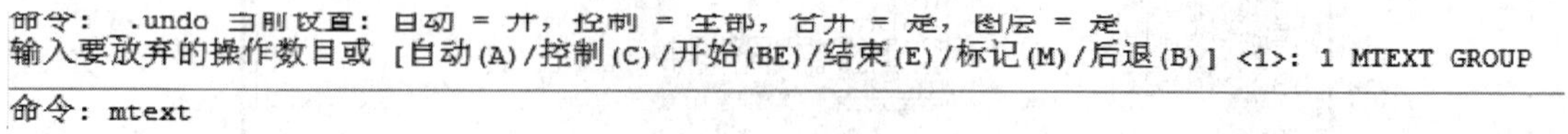

如果用户响应默认选项，即指定另一角点的位置，
AutoCAD 打开如图 10-115 所示的在位文字编辑器。

命令: mtext

图 10-113 输入"mtext"命令

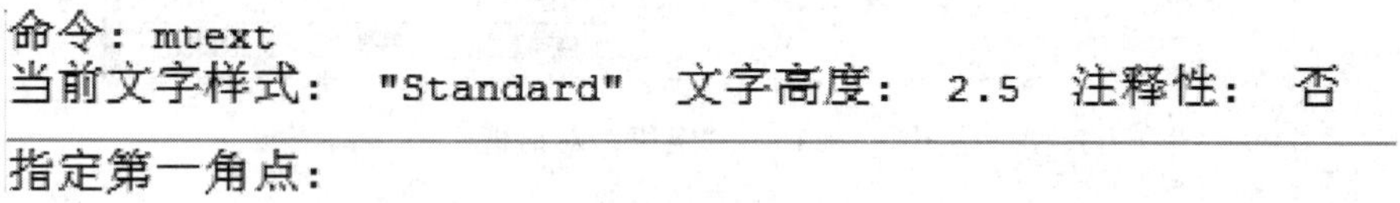

图 10-114 输入"mtext"命令后显示内容

图 10-115 在位文字编辑器

（1）"堆叠/非堆叠"按钮 利用符号"/""^"或"♯"，可以以不同的方式实现堆叠
（例如，$\dfrac{9}{10}$、$\genfrac{}{}{0pt}{}{9}{10}$、9/10 均属于堆叠标注）。先在输入框内输入"a/b"，再选中它们，点击鼠
标右键，选择"堆叠"后，文字变为 $\dfrac{a}{b}$，其他效果（$\genfrac{}{}{0pt}{}{a}{b}$、a/b）类似。

（2）"插入字段"按钮 单击该按钮，打开"字段"对话框，如图 10-116 所示，从
中选择要插入到文字中的字段即可。

10.6.4.4 编辑文字以及注释性文字

编辑文字可以在"命令"处输入"ddedit"，也可以选择工具栏中的"编辑文字"按钮，
如图 10-117 所示，并且 AutoCAD 提示：**选择注释对象或 [放弃(U)]:**

此时，标注文字时使用的标注方法不同，选择文字后 AutoCAD 会给出不同的响应，如
果在该提示下所选择的文字是用"dtext"命令标注的，选择文字对象后，AutoCAD 将在该

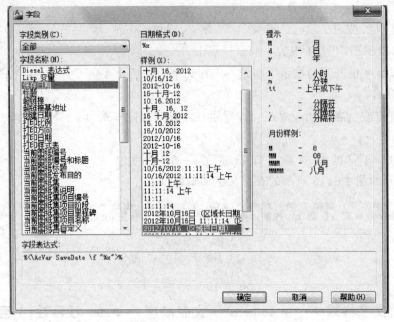

图 10-116 "字段"对话框

图 10-117 "编辑文字"对话框

文字四周显示出一个方框,表示进入编辑模式,此时用户可以直接修改对应的文字。如果选择的文字是用"mtext"命令标注的,AutoCAD 则会弹出与图 10-115 类似的在位文字编辑器,并在该对话框中显示所选择的文字,以供用户编辑,按［Enter］键结束。

当使用"dtext"(单行文字)命令标注注释性文字时,首先输入"命令:style",打开"文字样式"对话框,除了按上述的样式设置外,还需选中"注释性"复选框,如图 10-118 所示,并应用。然后使用"dtext"命令,在使用"dtext"命令时,应利用状态栏上的"注释比例"列表设置比例。

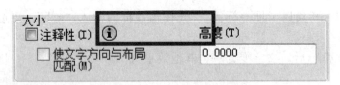

图 10-118 "注释性"复选框

当用"mtext"命令标注注释性文字时,可以通过"文字格式"工具栏上的注释性按钮 A 确定标注的文字是否为注释性文字。

10.6.5 创建表格

创建表格可以使用"命令:table",也可以使用工具栏中的"表格"按钮 田。执行"table"命令后,会跳出"插入表格"对话框,如图 10-119 所示。

"插入选项"中的"从空表格开始"单选按钮,表示先创建一个空表格,然后填写数据;

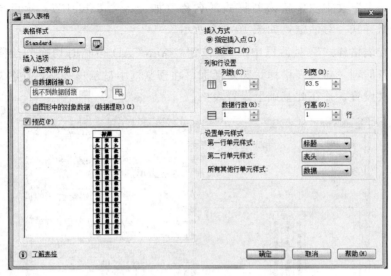

图 10-119　"插入表格"对话框

"自数据链接"单选按钮，表示根据已有的 Excel 数据表创建表格；"自图形中的对象数据（数据提取）"单选按钮，表示可以通过数据提取向导来提取图形中的数据。

根据自身要求设计适合的表格，并最后单击"确定"，出现图 10-120，输入文字。

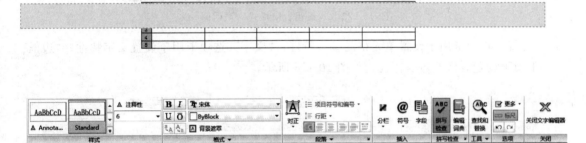

图 10-120　输入文字

对于定义表格的样式，可以执行"命令：tablestyle"，或点击"样式"按钮 ，打开"表格样式"对话框，如图 10-121 所示，点击"新建"，打开"创建新的表格样式"对话框，如图 10-122 所示。

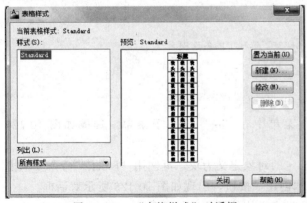

图 10-121　"表格样式"对话框

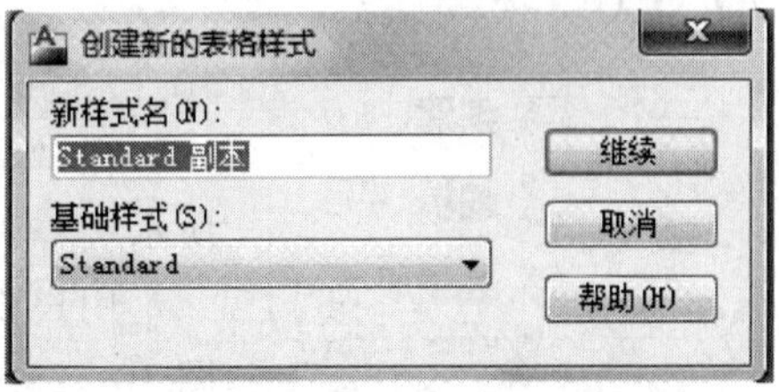

图 10-122　"创建新的表格样式"对话框

在"新样式名"文本框中输入新样式的名称（如输入"Table1"），然后单击"继续"，打开"新建表格样式"对话框，如图 10-123 所示。

单击"新建表格样式"对话框中的 按钮，AutoCAD 会临时切换到绘图屏幕，选择表格，并重新返回到"新建表格样式"对话框，在预览框中显示该表格，在各对应设置中显示该表格的样式设置，并在此基础上设置表格。

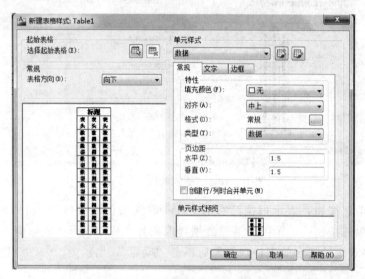

图 10-123　"新建表格样式"对话框

"常规"选项卡用于设置单元格的基本特性；"文字"选项卡用于设置文字特性；"边框"选项卡用于设置表格的边框特性，如图 10-124 所示。

(a)"常规"　　　　　　　　(b)"文字"　　　　　　　　(c)"边框"

图 10-124　"单元样式"选项中的各选项卡

10.6.6　块操作

图 10-125　"块"子菜单

10.6.6.1　定义块

在"常用"菜单中有"块"这一子菜单，具体如图 10-125 所示。

用户要将选定的对象定义为块，可调用"block"命令或单击图 10-125 中的"创建"按钮，出现如图 10-126 所示对话框。

下面对将螺母定义块的操作进行说明。

螺母如图 10-127 所示。

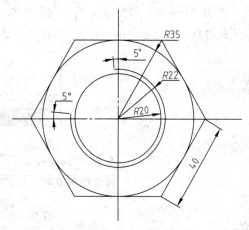

图 10-126　"块定义"对话框

图 10-127　螺母

在"块定义"对话框的"名称"一栏输入"NUT"作为块的名称，在屏幕上拾取基点（螺母的中心点）和对象（整个螺母），选择后要使对象中的所有元素呈虚线方可将整个对象选中，如图 10-128 所示。

然后单击鼠标右键，出现的"块定义"对话框如图 10-129 所示。

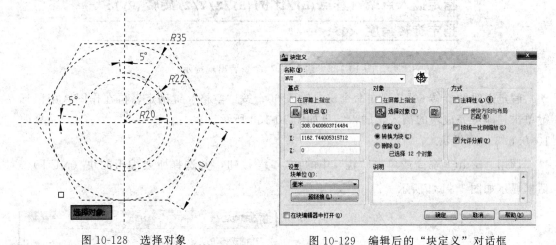

图 10-128　选择对象

图 10-129　编辑后的"块定义"对话框

在图 10-129 的"说明"栏中输入"螺母"，再点击"确定"，即完成块的定义。

图 10-130　"插入"对话框

10.6.6.2 插入块

调用"insert"命令或单击"块"中的  按钮，出现对话框见图 10-130。

软件默认的是新建的名称为"NUT"的块，点击"确定"，在作图区出现提示见图 10-131。

指定插入点或 ▫ 484.2651 1166.7421

命令: _insert
指定插入点或 [基点(B)/比例(S)/X/Y/Z/旋转(R)]:

图 10-131 作图区出现提示

单击鼠标左键即可确定插入点，完成块的插入。

若需在插入块时进行旋转，则可在上述命令出现时，在命令窗口输入"r"命令，出现提示见图 10-132。

指定插入点或 [基点(B)/比例(S)/X/Y/Z/旋转(R)]: r
指定旋转角度 <0>:

图 10-132 输入"r"命令后出现提示

假定逆时针旋转 60°，则在命令窗口输入 60，按"空格"键确定，再在作图区用鼠标左键单击，即可完成块的插入，插入结果如图 10-133 所示。

10.6.6.3 编辑块

调用"bedit"命令或单击"块"中的 编辑 按钮，并选择所要编辑的块（NUT），对话框显示如图 10-134 所示。

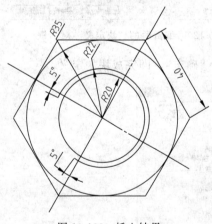

图 10-133 插入结果

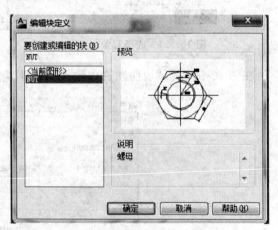

图 10-134 "编辑块定义"对话框

单击"确定"，出现"块编辑器"，在该界面有"块编写选项板"，如图 10-135 所示。

如点击"点"按钮，出现提示如图 10-136 所示。

鼠标左键在正六边形的任一顶点单击后，出现结果如图 10-137 所示。

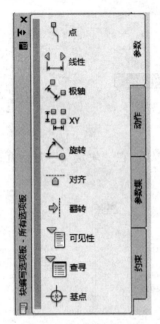

图 10-135　"块编写选项板"

图 10-136　点击"点"按钮出现提示

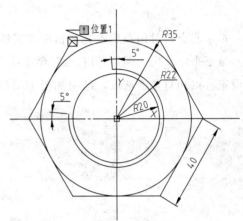

图 10-137　单击正六边形任一顶点后结果

操作者可根据需要自行对该点进行命名，完成后在退出"块编辑器"时点击"保存"，即可实现对块的编辑。

10.6.6.4　属性

（1）定义块的属性　调用"attdef"命令或单击"块"中的 🏷（定义属性）按钮，出现对话框如图 10-138 所示。

用户可在图 10-138 中对块的属性进行设定，设置完所需的属性后，点击"确定"即可。

下面以含有粗糙度属性的粗糙度符号块为例，说明块属性的定义和修改操作。

先绘制粗糙度符号（过程略），后调用"attdef"命令或点击 🏷 按钮，出现"属性定义"对话框并进行属性设置，如图 10-139 所示。

图 10-138　"属性定义"对话框（一）

图 10-139　"属性定义"对话框（二）

点击"确定"后出现提示见图10-140。

图10-140 点击"确定"后出现提示

指定起点和对角点后，完成粗糙度属性定义。

接下来定义块，调用"block"命令或单击 ⬚ 创建 按钮，在"块定义"对话框中进行名称设定、点和对象的选取，结果如图10-141所示。

图10-141 在"块定义"对话框中进行相关设定

点击"确定"，出现对话框如图10-142所示。

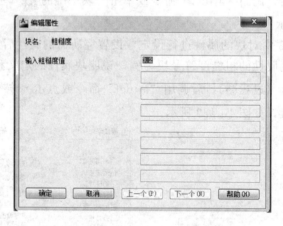

图10-142 "编辑属性"对话框

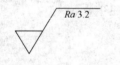

图10-143 定义好的块结果

单击"确定"，定义好的块结果如图10-143所示。

（2）编辑块的属性 调用"eattedit"命令或单击"块"中的

🎨 编辑属性 ，选择编辑对象后，出现如图10-144所示对话框。

操作者根据自身需要，可在此对话框中实现对块属性、文字选项和特性的编辑。

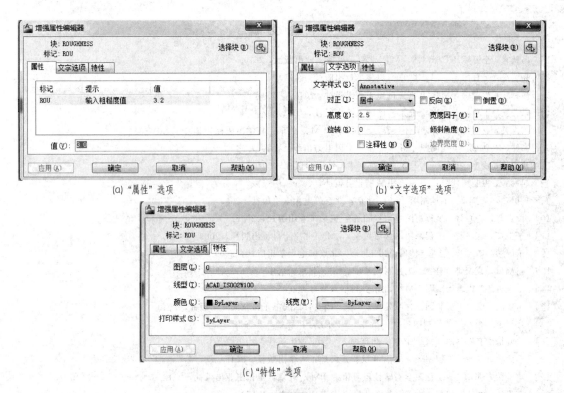

(a) "属性" 选项　　　　　　　　(b) "文字选项" 选项

(c) "特性" 选项

图 10-144　"增强编辑属性" 对话框

参 考 文 献

[1] 冯秋官，仝基斌. 工程制图 [M]. 北京：机械工业出版社，2010.

[2] 高金莲. 工程图学 [M]. 北京：机械工业出版社，2011.

[3] 胡林. 工程制图 [M]. 北京：机械工业出版社，2010.

[4] 宋长发. 工程制图 [M]. 北京：国防工业出版社，2011.

[5] 王秀英，赵锡维，潘淑璋，任长春. 工程制图 [M]. 北京：科学出版社，2005.

[6] 高红，马洪勃. 工程制图 [M]. 北京：中国电力出版社，2007.

[7] 蔡小华，钱瑜. 工程图学 [M]. 北京：中国铁道出版社，2010.

[8] 胡琳. 工程制图 [M]. 北京：机械工业出版社，2010.

[9] 王国顺，李宝良. 工程制图 [M]. 北京：北京邮电大学出版社，2009.

[10] 段志坚，田广才. 工程制图 [M]. 北京：机械工业出版社，2012.

[11] 李玉菊，张冬梅. 工程制图（含习题集）[M]. 北京：科学出版社，2009.

[12] 王国顺，李宝良. 工程制图 [M]. 北京：北京邮电大学出版社，2009.

[13] 杨德星，袁义坤，任杰. 工程制图基础 [M]. 北京：清华大学出版社，2011.

[14] 王秀英. 工程设计制图 [M]. 北京：科学出版社，2008.

[15] 朱效波. 现代工程制图（含习题集）[M]. 西安：西安电子科技大学出版社，2010.

[16] 沈培玉，蔡小华工程制图 [M]. 北京：国防工业出版社，2009.

[17] 董晓倩. 工程制图 [M]. 北京：北京理工大学工业出版社，2011.

[18] 李武生，毕艳. 工程制图 [M]. 武汉：武汉理工大学出版社，2013.

[19] 李爱荣，张顺心. 工程图学基础教程习题集 [M]. 北京：机械工业出版社，2012.

[20] 江景涛. 画法几何与土木工程制图 [M]. 北京：中国电力出版社，2010.

[21] 张会平. 土木工程制图 [M]. 第 2 版. 北京：北京大学出版社，2014.

[22] 于梅. 工程制图（非机械类）[M]. 北京：机械工业出版社，2011.

[23] 曹宝新. 画法几何及土建制图 [M]. 北京：中国建材工业出版社，2001.

[24] 宋长发. 工程制图 [M]. 北京：国防工业出版社，2011.

[25] 胡琳. 工程制图英汉双语对照 [M]. 第 2 版. 北京：机械工业出版社，2010.

[26] 高恒聚. AutoCAD 建筑与土木工程制图 [M]. 西安：西安电子科技大学出版社，2011.

[27] 王小文. 水污染控制 [M]. 北京：煤炭工业出版社，2002.

[28] 彭党聪. 水污染控制工程 [M]. 北京：冶金工业出版社，2010.

[29] 高廷耀，顾国维，周琪. 水污染控制工程 [M]. 北京：高等教育出版社，2007.

[30] 缪应祺. 水污染控制工程 [M]. 南京：东南大学出版社，2002.

[31] 中华人民共和国国家环境保护标准. 钢铁工业烟气脱硫工艺技术规范（HJ 2052—2016）.

[32] 中华人民共和国国家环境保护标准. 火力发电厂脱硫工艺—氨法技术规范（HJ 2001—2010）.

[33] 中华人民共和国国家环境保护标准. 火力发电厂海水法脱硫技术规范（HJ 2046—2014）.

[34] 中华人民共和国国家环境保护标准. 火力发电厂脱硝工艺技术规范（HJ 563—2010）.

[35] 中华人民共和国国家环境保护标准. 燃烧法催化工业有机废气技术规范（HJ 2027—2013）.

[36] 中华人民共和国国家环境保护标准. 吸附法处理有机废气技术规范（HJ 2026—2013）.

[37] 中华人民共和国国家环境保护标准. 火力发电除尘技术规范（HJ 2039—2014）.

[38] 中华人民共和国国家环境保护标准. 采油废水治理工程技术规范（HJ 2041—2014）.

[39] 中华人民共和国国家环境保护标准. 养殖废水治理工程技术规范（HJ 497—2009）.

[40] 中华人民共和国国家环境保护标准. 电镀废水治理工程技术规范（HJ 2002—2010）.

[41] 中华人民共和国国家环境保护标准. 染废水治理工程技术规范（HJ 709—2014）.

[42] 中华人民共和国国家环境保护标准. 焦化废水治理工程技术规范（HJ 2022—2012）.

[43] 中华人民共和国国家环境保护标准. 屠宰废水治理工程技术规范（HJ 2004—2010）.

[44] 中华人民共和国国家环境保护标准. 制革废水治理工程技术规范（HJ 2003—2010）.

[45] 中华人民共和国国家环境保护标准. 酿造废水治理工程技术规范（HJ 575—2010）.

[46] 中华人民共和国国家环境保护标准. 发酵类制药工业废水治理工程技术规范（HJ 2044—2014）.

[47] 林大均，干传浩，杨静. 化工制图［M］. 北京：高等教育出版社，2007.

[48] 马瑞兰. 化工制图［M］. 上海：上海科学技术文献出版社，2000.

[49] 董振珂. 化工制图［M］. 北京：化学工业出版社，2010.

[50] 郑铭. 环保设备——原理·设计·应用［M］. 北京：化学工业出版社，2011.

[51] 彭党聪. 水污染控制工程［M］. 北京：冶金工业出版社，2010.

[52] 高廷耀，顾国维，周琪. 水污染控制工程［M］. 北京：高等教育出版社，2007.

[53] CAD 工程制图规则（GB/T 18229—2000）.

[54] 技术制图　图纸幅面和格式（GB/T 14689—2008）.

[55] 技术制图　标题栏（GB/T 10609.1—2008）.

[56] 技术制图　明细栏（GB/T 10609.2—2009）.

[57] 技术制图　复制图的折叠方法（GB/T 10609.3—2009）.

[58] 技术制图　对缩微复制原件要求（GB/T 10609.4—2009）.

[59] 技术制图　比例（GB/T 14690—1993）.

[60] 技术制图　图线（GB/T 17450—1998）.

[61] 机械制图　图样画法　图线（GB/T 4457.4—2002）.

[62] 技术制图　CAD 系统图线的表示（GB/T 18686—2002）.

[63] 技术制图　图样画法　指引线和基准线的基本规定（GB/T 4457.2—2003）.

[64] 技术制图　字体（GB/T 14691—1993）.

[65] 机械制图　尺寸注法（GB/T 4458.4—2003）.

[66] 技术制图　简化表示法　第 2 部分：尺寸注法（GB/T 16675.2—1996）.

[67] 技术制图　圆锥的尺寸和公差注法（GB/T 15754—1995）.

[68] 技术制图　图样画法　未定义形状边的术语和注法（GB/T 19096—2003）.

[69] 机械制图　剖面符号（GB/T 4457.5—1984）.

[70] 技术制图　图样画法　剖面区域的表示法（GB/T 17453—2005）.